William Lewin

The papilios of Great Britain, systematically arranged, accurately engraved and painted from nature

With the natural history of each species

William Lewin

The papilios of Great Britain, systematically arranged, accurately engraved and painted from nature
With the natural history of each species

ISBN/EAN: 9783337175481

Printed in Europe, USA, Canada, Australia, Japan

Cover: Foto ©Andreas Hilbeck / pixelio.de

More available books at **www.hansebooks.com**

THE

PAPILIOS

OF

GREAT BRITAIN,

SYSTEMATICALLY ARRANGED, ACCURATELY ENGRAVED,

AND PAINTED FROM NATURE,

WITH

THE NATURAL HISTORY OF EACH SPECIES,

From a close Application to the Subject, and Observations made in different
Counties of this Kingdom; as well as from breeding Numbers
from the Egg, or Caterpillar, during the last Thirty Years.

THE FIGURES ENGRAVED FROM THE SUBJECTS THEMSELVES, BY THE AUTHOR,

W. LEWIN,

FELLOW OF THE LINNÆAN SOCIETY,

AND PAINTED UNDER HIS IMMEDIATE DIRECTION.

LONDON:

PRINTED FOR J. JOHNSON, IN ST. PAUL'S CHURCH YARD.

1795.

THE

PAPILIOS

OF

GREAT BRITAIN.

B

DIVISION I. FEATHERED FLIES.

LEPIDOPTERA OF LINNÆUS.

ORDER I. FLIES OF THE DAY.

Wings four, covered with minute feathers: body hairy: tongue, or probofcis, long, and coiled up like a watch fpring when not feeding.

GENUS I. BUTTERFLIES.

PAPILIOS OF LINNÆUS.

Antennæ, knobbed: wings four; when at reft, erect: the caterpillars, or larvæ, have fix claws, eight feet, and two holders.

SECTION I. SCALLOP WINGED.

The Larvæ fpined and hairy: they fufpend themfelves by the tail when changing to chryfalis or pupa.

SPECIES I. WILLOW BUTTERFLY. Pl. 1.

Antiopa. *Linnæus.*

Camberwell Beauty. *Harris.*

Three of thefe beautiful and rare infects were taken in the year 1748, near Camberwell in Surry ; from which time, until the year 1789, we have no account of any being feen in England. The middle of Auguft, 1789, I was furprifed with the fight of two of thefe elegant flies, near Feverfham in Kent ; one of which I thought it great good fortune to take ; but in the courfe of that week I was more agreeably furprifed with feeing and taking numbers of them, in the moft perfect condition. One of my fons found an old decoy pond, of large extent, furrounded with willow and fallow trees, and a great number of thefe butterflies flying about, and at reft on the trees, many of which appearing to be juft out of the chryfalis, left no room to doubt, that this was a place where they bred. In March, 1790, a number of thefe infects were flying and foaring about for the fpace of twelve or fourteen days ; and then, as if with one confent, they migrated from us, and were no more feen.

The female, fig. 4, differs from the male only in fize, being much the largeft. The caterpillars, fig. 1, and chryfalis, fig. 2, are figured from Roefel ; and the following is his account of their breeding : " When the caterpillars are near the time of their transformation, they retire to a place of fhelter, there fixing their hind legs by a glutinous web, with their heads downwards, and bent towards the belly, fig. 3. In a day's time the fkin flips off, and the chryfalis appears as reprefented, fig. 2. They hang in this ftate about fourteen days, and then the butterflies are produced. The females lay their eggs on the branches of willow trees, in the early part of the fummer ; and the young caterpillars come forth in three weeks: but if the eggs be laid in the autumn, they remain in that ftate the whole winter."

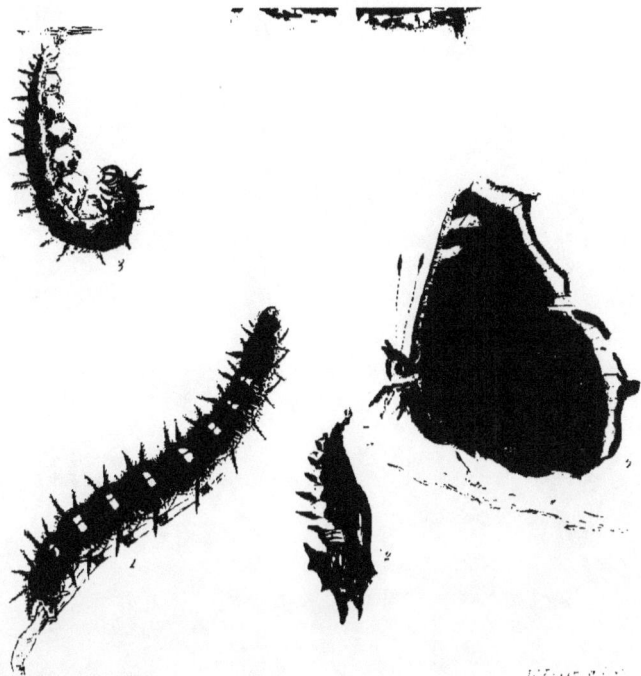

DIVISION I. MOUCHES PORTE-PLUMES.
LEPIDOPTÈRES DE LINNÆUS.

ORDRE I. MOUCHES DE JOUR.

Les ailes font au nombre de quatre, et garnies de petites plumes: le corps eft velu : la trompe, ou probofcide, eft longue, et roulée en forme de fpirale, quand elle n'eft point en action.

GENRE I. PAPILLONS.
PAPILLONS DE LINNÆUS.

Ils ont des antennes à maffe : quatre ailes ; perpendiculaires au plan de pofition dans l'état de repos : les chenilles, ou larves, ont fix griffes, huit pattes, et deux crochets.

SECTION I. PAPILLONS AUX AILES DENTELÉES.

Les larves font hériffées d'épines et de poils : elles fe fufpendent par la queue quand elles fe changent en chryfalide ou en nymphe.

ESPECE I. LE PAPILLON DU SAULE. Pl. 1.

Antiopa. *Linnæus.*
Camberwell Beauty. *Harris.*

Trois de ces fuperbes et rares infectes furent pris en 1748, près de Camberwell, dans le comté de Surry : depuis cette époque jufqu'en 1789, il n'eft point parvenu à notre connoiffance, qu'on en ait vu d'autres de cette efpèce en Angleterre. Au milieu du mois d'Août 1789, je fus étonné de voir deux de ces jolies mouches, près de Feverfham, dans le comté de Kent; je m'eftimai fort heureux d'avoir pu en attraper une ; mais dans le cours de cette femaine, je fus encore plus agréablement furpris d'en voir, et d'en prendre un grand nombre dans le meilleur état poffible. Un de mes fils paffant près d'une vieille canardière, fort étendue, entourée de différentes efpèces de faule, apperçut une grande quantité de ces papillons qui s'agitoient autour des arbres, et fe repofoient fur leurs branches: il remarqua d'ailleurs qu'ils ne faifoient que de fortir de leur enveloppe de chryfalide ; ce qui donne lieu de juger que certainement c'étoit là leur berceau. Dans le mois de Mars 1790 on vit encore dans les environs pendant douze ou quatorze jours, un certain nombre de ces infectes voltigeant et prenant leurs ébats ; mais enfuite, comme d'un commun accord, cette petite colonie nous abandonna et ne reparut plus.

La femelle, fig. 4, ne diffère du mâle que par la taille: elle eft beaucoup plus groffe. Les chenilles, fig. 1, et les chryfalides, fig. 2, font figurées d'après Roefel ; et c'eft le même auteur qui m'a fourni ce qui fuit, fur la manière dont elles multiplient: " Quand le temps de leur métamorphofe eft arrivé, les chenilles fe retirent dans un lieu fûr et commode ; elles tapiffent une furface de foie, enfuite elles engagent leurs pattes de derrière dans ce tiffu imbibé d'une liqueur vifqueufe, et laiffent ainfi pendre leur corps, la tête en bas et repliée fur le ventre comme on voit fig. 3. Dans l'efpace d'un jour elles quittent la peau qui les recouvroit, et la chryfalide paroît, comme elle eft repréfentée, fig. 2. Elles reftent fufpendues dans cet état environ quinze jours, et alors les papillons fortent de leur enveloppe. Les femelles dépofent leurs œufs fur les branches des faules, au commencement de l'été ; et alors les jeunes chenilles éclofent au bout de trois femaines : mais fi elles ne pondent que dans l'automne, les œufs reftent dans cet état tout l'hiver."

GENUS I. BUTTERFLIES.

SEC. I. SP. II. ELM TORTOISESHELL.

Pl. 2.

Polychloros. *Linnæus Syst.*
Great Tortoiseshell. *Wilks.*

The caterpillars of this fly feed on the leaves of elm trees, that grow on the sides of lanes in sheltered situations. They are very social, feeding together, and not separating till near the time of transformation; when they go in quest of a place to secure themselves when in chrysalis. About the middle of June they are full fed, fig. 1. They then fix themselves by the tail, with a glutinous web from the mouth; and after a few hours the skin cracks at the back, towards the head, and the chrysalis appears of a pale green colour, but soon after changes to a brown, fig. 2. In about twenty days the fly comes forth. The wings at first are closely folded, and very moist; in a short time, by the motion of the insect, and the action of the air, they begin to unfold; and by degrees they expand to the full size. In the space of two hours they are perfectly dry, and the butterfly appears in all its beauty fig. 3. They delight to settle on dry path ways, as also on the trunks of trees, to sun themselves. They fly swift, and are not easily taken, except in the morning, when they are feeding on the blossoms of different plants, near the place where they are bred. Some few of the late bred flies secrete themselves in the hollows of trees, or such places as will protect them from the severity of the weather, and live through the winter; others remain in chrysalis all the winter, appear on the wing in March, and lay their eggs on the branches of elm trees, to which they fix them by a glutinous moisture. It is from these we have the summer's stock.

The male is not so large as the female, but in colour and marks they perfectly agree. The under side is represented in fig. 4.

GENRE I. PAPILLON.

SEC. I. ESP. II. L'ÉCAILLE DE TORTUE DE L'ORME.
Pl. 2.

Polchyloros. *Linnæus Syst.*
Great Tortoisefhell. *Wilks.*

Les chenilles de cette mouche fe nourriffent des feuilles des ormes, qui croiffent le long des chemins étroits dans les lieux couverts. Elles ont les mœurs fociales, elles vivent toutes enfemble, et ne fe féparent que vers le temps où elles fe transforment; lorfqu'il leur faut chercher un lieu où elles puiffent fubir en fûreté leur métamorphofe. Vers le milieu de juin elles font arrivées à leur dernier terme d'accroiffement comme on voit, fig. 1. Alors elles fe fufpendent par la queue, à l'aide d'un tiffu imprégné d'une matière gluante qu'elles tirent de leur filière; quelques heures après, la peau commence à fe fendre fur le dos, un peu audeffous de la tête, et la chryfalide, lorfqu'elle quitte fa depouille, paroît d'un verd pâle, mais bientot après, elle eft de couleur brune, fig. 2. A peine vingt jours fe font-ils écoulés que le papillon fort de fon enveloppe. D'abord fes ailes font pliées, ferrées, et très humides; mais peu de temps après, le mouvement de l'infecte qui s'agite, et l'action de l'air, les aident à fe développer; et infenfiblement elles parviennent à leur dernier dégré d'expanfion. L'efpace de deux heures fuffit pour les fécher parfaitement, et alors on voit paroître les papillons dans tout leur éclat, fig. 3. Ils fréquentent de préference les fentiers fecs; ils fe plaifent à s'attacher aux troncs des arbres, afin d'être plus expofés aux rayons bienfaifants du foleil. Ils volent avec vivacité, et on ne les prend pas aifément, excepté le matin, quand ils fuccent le miel des fleurs des différentes plantes, près du lieu de leur naiffance. Un petit nombre des mouches tardives fe retirent dans le creux des arbres, ou dans des endroits où elles puiffent être à l'abri de la rigueur de la faifon, et vivre en fûreté pendant l'hiver; les autres paffent l'hiver entier dans l'état de chryfalide, et les papillons paroiffent au mois de Mars, et dépofent leurs œufs fur les branches des ormes, auxquelles une humidité vifqueufe, dont ils font imbibés, les tient ad-hérens. C'eft de ces dernières que provient cette peuplade que nous voyons dans l'été.

Le mâle n'eft pas fi grand que la femelle, mais quant à la couleur et aux marques ils fe reffemblent parfaitement. On en voit le deffous, fig. 4.

C

GENUS I. BUTTERFLIES.

SEC. I. SP. III. NETTLE TORTOISESHELL.

Pl. 3.

Urticæ. *Linnæus.*
Small Tortoiseshell. *Harris.*

The flies which produce the summer's stock of this insect, come from the chrysalides in March, and April, as the season proves more or less favourable for them. The female lays her eggs on the stalks of the large nettle, near the top, to which they adhere by a glutinous moisture. About the middle of May, the young caterpillars may be seen, of a light colour, on the nettle tops, enclosed in a web, in which they herd together. When they shift their first skin, they remove to a fresh place, leaving their old skin hanging to the web; and again form a colony at a distance from their former habitation. In the third skin they make another remove, still keeping together in a web. In the fourth skin they are black, and separate in companies; as they are grown too large to live in one society. In this manner they feed, in the fourth and fifth skins. In the sixth and last skin they separate, and devour the nettles, so as to leave nothing but the stalk and fibres: in this skin they are yellowish on the back, see fig. 1. The beginning of June they are full fed; and then they fasten their tails by a web under the nettle leaves, or to the stalks, and change to chrysalides. In a day's time the chrysalides appear pale green at first, but in a short time they change, some of them to the colour of burnished gold; others, which you would scarce believe to be from the same caterpillars, of a dirty brown: but in general they appear as in fig. 2. In this state they remain near twenty days; and then the butterflies are produced: see the upper side, fig. 3, and under part, fig. 4. The female is larger than the male, and paler in colour. They spread abroad in search of food, and settle on the blossoms of the thistle, the dock, and the teazle. This is the most common of the English butterflies; and some few of the second brood live through the winter.

GENRE I. PAPILLONS.

SEC. I. ESP. III. L'ÉCAILLE DE TORTUE DE L'ORTIE.

Pl. 3.

Urticæ. *Linnæus.*
Small Tortoiſeſhell. *Harris.*

Les mouches qui produiſent cet inſecte en été, ſortent de l'état de chryſalide en Mars, et en Avril, ſelon que la ſaiſon leur a été plus ou moins favorable. La fémelle dépoſe ſes œufs preſqu'à l'extrémité des tiges de la grande ortie, auxquelles une liqueur viſqueuſe les tient collés. Vers le milieu de mai les jeunes chenilles ſont d'une couleur brillante; on les voit au haut des orties, enfermées dans un coque, où elles habitent toutes enſemble. Quand elles perdent leur prémière peau, elles changent de domicile, laiſſant leur ancienne pendue au tiſſu qui les couvroit, et forment une ſeconde fois une colonie à une certaine diſtance de leur prémière habitation. Quand elles prennent une troiſième peau, elles abandonnent encore leur demeure, toujours renfermées enſemble dans un tiſſu. Après leur troiſième mue elles ſont noires, et elles ſe ſéparent par bandes, ayant atteint un dégré d'accroiſſement qui ne leur permet plus de ne faire qu'une ſeule ſociéte. Elles prennent ainſi de la nourriture dans leur quatrième et cinquième peau. Dans la ſixième et dernière elles diviſent, et dévorent les orties, n'épargnant que les tiges et les fibres. Dans cette peau elles ſont d'une couleur jaunâtre ſur le dos, fig. 1. Au commencement de Juin elles ſont parvenues à la groſſeur ordinaire à leur éſpèce: alors elles s'attachent la queue par le moyen d'un tiſſu de ſoie au deſſous des feuilles d'orties, ou bien aux tiges mêmes, et enſuite elles ſe changent en chryſalide. Dans l'eſpace d'un jour les chryſalides paroiſſent, et ſont d'abord d'un verd pâle; mais peu de temps après elles prennent quelques unes la couleur de l'or bruni, d'autres, qu'on croiroit à peine provenir des mêmes chenilles, celle d'un brun ſale; mais en général elle paroiſſent comme on voit fig. 2. Elles reſtent dans cet état près de vingt jours et alors naiſſent les papillons: voyez en la partie ſupérieure, fig. 3, et le deſſous, fig. 4. La femelle eſt plus groſſe que le mâle, et d'une couleur plus pâle. Ils ſe répandent au dehors pour chercher des aliments, et ſe repoſent ſur les fleurs des chardons, et de la bardane. C'eſt là le plus commun des papillons Anglois, et quelques uns d'entr'eux, qui ſont tardifs, vivent pendant tout l'hiver.

GENUS I. BUTTERFLIES.

SEC. I. SP. IV. PEACOCK BUTTERFLY.

Pl. 4.

Io. *Linnæus.*
Peacock. *Harris.*

The eggs of this elegant fly are laid the end of April, or beginning of May, on the upper parts of the great ftinging nettle; the parent taking great care to place them on the ftalk, clofe under the young leaves, to preferve them from the too violent heat of the fun, or the inclemency of the weather. In a few days the caterpillars make their appearance, and inclofe themfelves in a fine web; drawing, at the fame time, the leaves to cover them, that they may ftill receive the benefit of their fhade. In this firft fkin they are of a greenifh white, and appear naked and fhining, not unlike maggots. In the fecond fkin they are brown; and as they change their fkins they grow darker, till the fourth, which is black. Every time they fhift their fkins, they collect together, and web at a diftance from their former refidence. When in their laft fkin, they forfake the web, feeding feparately; and when full fed, as in fig. 1, they are of a fine deep black colour, powdered all over with fmall white fpecks. The latter end of June, they feek a convenient place of fafety for the chryfalides, and there fufpend themfelves by the tail. In a few hours the fkin fplits at the back, and flips off towards the head. The chryfalides appear at firft of a pale green colour; but in a fhort time they harden, and change to a brown: fometimes they look as if gilt with gold, but fuch fine outfides generally produce ichneumons, inftead of the expected flies. They remain in chryfalis about three weeks, and then the butterfly appears in all its beauty. The female is larger, and of a paler colour, than the male, fee fig. 3. The under part is reprefented, fig. 4, as they appear when at reft. Some of the late bred flies live through the winter, others remain in chryfalis till the fpring. The infects of this fpecies are very plentiful, and fpread themfelves every where.

GENRE I. PAPILLONS.

SEC. I. ESP. IV. LE PAPILLON DU PAON.

Pl. 4.

Io. *Linnæus.*
Peacock. *Harris.*

Les œufs de cette jolie mouche font dépofés vers la fin d'avril, ou au commencement de mai, fur les parties fupérieures de la grande ortie piquante; les
pères et mères ont l'attention de les placer, et de les appliquer près des tiges fous
les jeunes feuilles, pour les garantir des ardeurs du foleil, ou de la rigueur de la
faifon. Peu de jours après les chenilles éclofent, et s'enveloppent dans un
tiffu fin, pliant et courbant en même temps les feuilles pour fe cacher,
et pour qu'elles leur fervent d'abri. Dans cette première peau elles
font d'un blanc verdâtre et paroiffent nues et brillantes, femblables aux vers du
fromage. Dans la feconde peau elles font de couleur brune; et à mefure qu'elles
changent de peau, elles deviennent plus foncées jufqu'à la derniére qui eft de
couleur noire. Chaque fois qu'elles muent, elles fe réuniffent toutes enfemble,
et s'enferment dans une toile à une certaine diftance de leur première demeure.
Quand elles font dans leur dernière peau, elles laiffent leur tiffu, et vivent féparé-
ment: quand elles font parvenues à leur dernier acroiffement, fig. 1, elles
font d'un beau noir foncé, et ont tout le corps parfemé de petites taches blanches.
A la fin de Juin elles cherchent un endroit commode, où elles puiffent en fûreté
fe transformer en chryfalide, et alors elles fe fufpendent par la queue. Quelques
heures après la peau fe fend fur le dos et gliffe vers la tête. Les chryfalides paroiffent d'abord d'un verd pâle; mais en peu de temps leur peau s'affermit, et elles
deviennent de couleur brune; quelque fois elles ont l'éclat et le brillant de l'or, mais
de fi beaux dehors cachent ordinairement les ichneumones, et non pas les
mouches qu'on attendoit. Elles reftent en chryfalides environ deux mois, et
alors le papillon paroît dans toute fa beauté. La femelle eft plus grande, et plus
pâle que le mâle, fig. 3. Le deffous eft fig. 4, comme on les voit dans
l'état de repos. Quelques unes des mouches tardives vivent tout l'hiver; d'autres
reftent en chryfalides jufqu'au printemps. Cette efpèce d'infecte eft fort commune, et fe répand partout.

GENUS I. BUTTERFLIES.

SEC. I. SP. V. COMMA.

Pl. 5.

C. Album. *Linnæus.*
Comma. *Harris.*

A few of this species of butterfly, if the winter have proved mild, live in the winged state till the spring, and appear in April much wasted in colour, with their wings broken on the edges. Others remain in chrysalis till that time, and may be easily distinguished by their perfect shape, and the brightness of their colour. These lay their eggs on the tender parts of the hop or nettle, and from them the caterpillars are produced about the middle of May. The eggs are laid on many different plants by the female, as she rarely lays more than one or two on a plant. The young caterpillars secrete themselves under the leaves, feeding on the edge, or eating through from the back of the leaf. They change their skins several times, and are at their full growth the latter end of July, fig. 1. They suspend themselves by the tail to the branches, or under part of the leaves, of the hop, or nettle, by a fine, but strong, web. In a day's time they change to chrysalides, fig. 2; in which state they remain near twenty days, and then the butterfly crawls forth to dry and expand its wings. The male is of a rich orange colour, fig. 3. The female is paler, and rather larger: fig. 4, and the under side, fig. 5. This butterfly is named the Comma, from a white mark on the under side of the under wing, resembling that stop in printing. It is an insect swift in flight, and difficult to take, except when feeding. It flies in lanes, by the sides of banks, or hedges, frequently settling on dry places, and against the bodies of trees.

GENRE I. PAPILLONS.

SEC. I. ESP. V. LA VIRGULE.

Pl. 5.

C. Album. *Linnæus.*
Comma. *Harris.*

Un petit nombre de papillons de cette efpèce, fi l'hiver a été doux, reftent dans l'état ailé jufqu'au printemps et paroiffent en Avril ; mais leurs couleurs font alterées, et les extremités de leurs ailes font fort endommagées. D'autres reftent en chryfalide jufqu'à ce tems, et on les diftingue aifément à leur port, ainfi qu'à la fraîcheur et à l'eclat de leurs couleurs. Ils dépofent leurs œufs fur les parties les plus tendres du houblon, ou de l'ortie, d'où fortent des chenilles vers le milieu de Mai. La fémelle pond fes œufs fur un grand nombre de plantes différentes ; rarement elle en fait plus d'un ou deux fur la même. Les jeunes chenilles fe cachent fous les feuilles, dont elles rongent les bords ou dévorent tout le deffous. Elles changent de peau plufieurs fois, et ont pris tout leur accroiffement à la fin de Juillet, fig. 1. Elles fe fufpendent par la queue foit aux branches, foit au deffous des feuilles du houblon, ou de l'ortie, par un tiffu fin, il eft vrai, mais très fort. Un jour leur fuffit pour fe transformer en chryfalide, fig. 2 ; elles paffent dans cet état près de vingt jours, enfuite le papillon fe dégage de fa robe, sèche et étend fes ailes. Le mâle eft d'un bel orangé, fig. 3. La fémelle eft beaucoup plus pâle, et paroît plus forte, fig. 4 ; et l'on en voit le deffous, fig. 5. On a donné au papillon le nom de virgule à caufe d'une tache blanche, placée fous l'aile inférieure, qui reffemble à cette marque d'imprimerie. Cet infecte vole avec agilité ; on le prend difficilement, excepté quand il prend fon repas. Il fréquente les chemins étroits ; là il vole le long des talus ou des haies ; il fe fixe de préférence dans les endroits fecs ou fur les troncs d'arbres.

GENUS I. BUTTERFLIES.

SEC. I. SP. VI. SCARLET ADMIRABLE.

Pl. 7.

Atalanta. *Linnæus.*
Scarlet Admirable. *Harris.*

The latter end of May a few of thefe butterflies make their appearance on the wing. In June the female lays her eggs; depofiting them fingly on different parts of the large nettle. As foon as the caterpillar comes from the egg, he inclofes himfelf in a leaf of the nettle, by drawing the edges together with a fine filken thread, to protect him from the injuries of the weather, and alfo from the Ichneumon fly; which by injecting it's eggs into the caterpillar, prevents his coming to perfection, and muft grievoufly torment the living animal, as the larvæ of the Ichneumon feed in him. Whilft thus inclofed in the leaf, he feeds on the tender part of it; and when he has deftroyed as much of the leaf as to render it no longer a place of fafety, he fhifts his fkin, forfakes his ruined habitation, travels to another leaf, and webs that together as before. In this manner he proceeds till grown fo large, that one leaf will not cover and feed him. He then creeps to the top of the nettle, where he webs himfelf up within the leaves, and feeds as before defcribed. The caterpillars are full grown the end of July, as in fig. 1; when they faften themfelves up by the tail, within their webs, under the nettle tops, and change to chryfalides: fee fig. 2. Sometimes they may be found hanging under the leaf, or any other convenient place. Why they change thus expofed, in contradiction to their habit of concealing themfelves, as well in this ftate as that of the caterpillar, is what cannot be eafily accounted for. The reafon that appears moft likely to me is, that the earwigs and ants get into their inclofures, and oblige them to retire, when they are near the time of their transformation, and they are too weak to make a frefh fpinning. They lie in the chryfalis ftate near twenty days, when the butterfly comes forth.—What a change! from a crawling caterpillar on the earth, to the elegant and beautiful butterfly, fporting in the air, and feeding on the honey juice of every fragrant flower. The upper fide of this infect is fig. 3; and the under parts, with the wings clofed, fig. 4.

GENRE I. PAPILLONS.

SEC. I. ESP. VI. L'ADMIRABLE ÉCARLATE.

Pl. 7.

Atalanta. *Linnæus.*

Scarlet Admirable. *Harris.*

C'eſt à la fin de Mai, qu'on voit paroître quelques papillons de cette eſpèce. Au mois de Juin la ſemelle pond ſes œufs, qu'elle dépoſe ſeul à ſeul, ſur les différentes parties de la grande ortie. Auſſitôt que la chenille eſt écloſe, elle roule et plie une feuille de cette plante, et s'enferme dans cette cavité dont elle bouche l'entrée par un tiſſu de ſoie, pour ſe défendre contre les injures de l'air, et pour ſe garantir de la mouche Ichneumone : celleci eſt pour la chenille un terrible ennemi ; elle perce le corps de cet inſecte et dépoſe ſes œufs dans la plaie qu'elle vient de faire. La chenille, nourriſſant dans ſon ſein les larves de l'Ichneumone, qui vivent de ſa ſubſtance, doit infiniment ſouffrir, et ne peut plus parvenir à un accroiſſement parfait. Tandis qu'elle eſt ainſi enveloppée dans cette feuille, elle en dévore la partie tendre ; et quand elle eſt rongée au point de n'être plus pour elle un lieu ſûr, elle change de peau, abandonne ſon habitation ruinée, paſſe à une autre feuille, et s'y bâtit un logement qui a la forme du premier. Elle continue à agir ainſi, juſqu'à ce qu'elle ſoit devenue ſi groſſe, qu'une feuille ne puiſſe plus la couvrir et fournir à ſa ſubſiſtance. Alors elle grimpe au haut de l'ortie, où elle s'enveloppe dans les feuilles, et s'alimente comme nous l'avons dit ci-deſſus. Les chenilles ſont parvenues à la groſſeur commune à leur eſpèce à la fin de Juillet, fig. 1 ; alors elles ſe filent une coque, ſe ſuſpendent par la queue et ſe transforment en chryſalide, fig. 2. Quelque fois on les trouve pendues ſous les feuilles, ou dans un autre endroit commode. Pourquoi ces dernières ſe changent-elles dans cette ſituation, tandis que toutes les autres de cette eſpèce ont coutume de ſe cacher, tant dans l'état de chryſalide que dans celui de chenille, c'eſt ce qui ne peut être aiſément expliqué. La raiſon qui me paroît la plus vrai-ſemblable, c'eſt que les perce-oreilles et les fourmis entrent dans leurs cellules, et les obligent d'en ſortir, quand elles ſont près du temps de leur métamorphoſe, et trop foibles pour ſe filer une nouvelle coque. Elles reſtent dans l'état de chryſalide, pendant près de vingt jours ; ce tems expiré le papillon ſe dégage de ſon fourreau. Ce n'eſt plus cet animal hideux, rampant, condamné au travail, réduit à brouter une nourriture groſſière ; c'eſt un être charmant, actif, planant dans les airs, vivant au milieu des parfums de miel et de roſée : toujours occupé de ſes amours, chaque inſtant de ſa vie eſt marqué par des jouiſſances auſſi variées que les couleurs dont la nature a pris plaiſir à l'embellir. On voit le deſſus de cet inſecte fig. 3 ; et le deſſous, les ailes fermées comme dans l'état de repos, fig. 4.

GENUS I. BUTTERFLIES.

SEC. I. SP. VII. WHITE ADMIRABLE.

Pl. 8.

Camilla. *Linnæus.*
White Admirable. *Harris.*

This infect appears on the wing about the twenty-fourth of June, and is not uncommon. It frequents the fouth fides of woods and lanes near them; and may be readily taken as it is feeding on the various flowers then in bloom, before nine o'clock in the morning; after which time, as the fun grows hot, it fports and flies about with great fwiftnefs, frequently fettling on the tops and fides of high trees. It is very extraordinary, that, though this fly is an inhabitant of almoft every patch of wood in England, neither the greateft pains taken, nor accident, have yet difcovered the caterpillar. A friend of mine once found two chryfalides, fufpended by the tail on different parts of a low honeyfuckle bufh, in a retired part of a wood; both of which produced fine fpecimens of this butterfly the latter end of June. The chryfalis, as he defcribed it, was hog-backed, with the refemblance of two rows of knobs on the back, and of a reddifh brown colour. If I might venture to conjecture, the caterpillars are well grown in the autumn, as we fee is the cafe with others in this fection; the flies of which make their firft appearance about the fame time. When the feverity of the winter approaches, they hide themfelves under fome warm cover, till the benign influence of the fun in the fpring warms the earth, and reftores vigour to the almoft exhaufted creation; they then feed, as I fuppofe, on the green leaves of the honeyfuckle, and are at their full growth about the end of May. The male is fig. 1. The female differs from it only in fize, being the largeft: the under part is fig. 2.

GENRE I. PAPILLONS.

SEC. I. ESP. VII. L'ADMIRABLE BLANC.

Pl. 8.

Camilla. *Linnæus.*
White Admirable. *Harris.*

Cet infecte paroît dans l'état ailé vers le vingt quatre Juin, et il est fort commun. Il fréquente les côtés des bois exposés au midi, et les chemins étroits qui les avoifinent; et on s'en faifit aisément le matin, avant neuf heures, lorfqu'il eft occupé à pomper le fuc des differentes plantes alors en fleur; après ce temps, comme le foleil devient plus ardent, il folâtre et voltige dans les environs et va communément fe repofer fur les extrémités des branches ou fur le fommet des grands arbres. Il eft fort furprenant, qu'on trouve cette mouche en Angleterre, dans prefque toutes les touffes de bois, et que ni le hazard, ni les peines qu'on a prifes à cet égard, ne nous aient point encore fait découvrir fa chenille. Un de mes amis a trouvé un jour au fond d'un bois deux chryfalides, qui s'étoient pendues par la queue dans un petit buiffon de chevre-feuille; l'une et l'autre lui donnèrent deux jolis individus de cette efpèce de papillon à la fin du mois de Juin. Voici la defcription qu'il m'en fait; ces chryfalides avoient fur le dos, qui avoit la forme de celui d'un cochon, deux rangs de tubercules; elles étoient d'ailleurs d'un brun rougeâtre pâle. Autant que je puis conjecturer, les chenilles parviennent à leur parfait accroiffement dans l'automne, comme les autres de ce genre; et les papillons quittent leur fourreau de chryfalide à peu près dans le même temps. Quand elles fentent approcher l'hiver, elles fe cachent dans un endroit abrité, jufqu'à ce que la benigne influence du foleil vienne réchauffer la terre, et vivifier la nature prefque anéantie; alors elles fe nourriffent, comme je m'imagine, des feuilles vertes du chèvre-feuille, et ont atteint la groffeur ordinaire à leur efpèce vers la fin de Mai. On voit le mâle, fig. 1. La femelle ne diffère de lui que par la taille, elle eft plus grande: le deffous eft fig. 2.

GENUS I. BUTTERFLIES.

SEC. I. SP. VIII. THISTLE BUTTERFLY.

Pl. 6.

Cardui. *Linnæus.*
Painted Lady. *Harris.*

The female of this species lays her eggs on thistles, rarely on docks, and sometimes on nettles, about the middle of June; carefully depositing them singly on a leaf, so that the stock of eggs the parent lays is sufficient for a number of plants, in various places. The caterpillar, as soon as bred, covers himself with a thin web, almost uniting the upper edges of the thistle leaf together. Under this cover he feeds on the upper side of the leaf, leaving the thin membraneous part to support him in his habitation. The caterpillars vary much in colour; some are dark brown, others paler, and some are of a yellowish colour: fig. 1. They are full fed the beginning of July; and change to chrysalides mostly under the cover of their webs: but sometimes, when ready for transformation, they travel farther to a convenient place, where they suspend themselves by the tail, with a very strong web. They remain in chrysalis, see fig. 2, till the first week in August; when the butterfly appears in all its splendour. We are not certain in what state this insect lives through the winter, to produce the summer flies: but I should conjecture, that the caterpillar lives and feeds till the middle of May, and is then ready for transformation; and this may account for these butterflies being in some summers very plentiful, and in others, rarely to be seen; just as the mildness or severity of the winter has protected or injured the caterpillars. The male flying, is represented in fig. 3, and at rest, fig. 4.

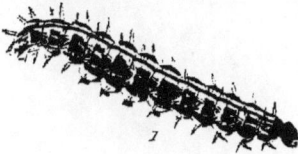

GENRE I. PAPILLONS.

SEC. I. ESP. VIII. LE PAPILLON DU CHARDON.

Pl. 6.

Cardui. *Linnæus.*
Painted Lady. *Harris.*

La femelle de cette efpèce dépofe ordinairement fes œufs fur les chardons, rarement fur les bardanes, et quelque fois fur les orties, à peu près vers le milieu de Juin: elle a l'attention de les placer, feul à feul, fur une feuille, de manière que la quantité d'œufs qu'une femelle pond foit fuffifante pour un certain nombre de plantes en divers lieux. La chenille, auffitôt qu'elle eft née, s'enferme dans une feuille de chardon, dont elle a rapproché les extrémités par un tiffu très fin. Sous cette enveloppe elle fe nourrit de la partie fupérieure de la feuille, laiffant celle qui eft mince et membraneufe, pour foutenir fon habitation. Les chenilles varient beaucoup en couleur; quelques-unes font d'un brun foncé, d'autres font d'une couleur jaunâtre: voyez fig. 1. Elles ont pris tout leur accroiffement au commencement de Juillet; et fe changent ordinairement en chryfalide dans leur coque. Quelque fois, lorfque le temps de leur métamorphofe approche, elles cherchent un endroit convenable, où elles fe pendent par la queue, au moyen d'un lien très fort. Elles reftent en chryfalide, comme on voit fig. 2, jufqu'à la première femaine d'Aôut; alors le papillon paroît dans tout fon éclat. Nous ne favons pas certainement en quel état cet infecte paffe tout l'hiver, pour produire les mouches que nous voyons en été: mais je ferois porté à croire, que la chenille vit et mange jufqu'au milieu de Mai, temps où elle eft prête à fe transformer. Ceci peut fervir à expliquer pour quoi nous voyons en été certaines années une grande quantité de papillons, tandifque dans d'autres, on en voit très peu, felon que l'hiver a détruit plus ou moins de chenilles. Le mâle eft repréfenté volant, fig. 3; et dans l'état de repos, fig. 4.

GENUS I. BUTTERFLIES.

SEC. I. SP. IX. SILVER STREAK FRITILLARY.

Pl. 9.

Paphia. *Linnæus.*
Silver wafh Fritillary. *Harris.*

The caterpillar of this fuperb butterfly is not yet difcovered in England. The fly is on the wing the end of June; and is not uncommon on the fides of woods, and in the lanes near them. The caterpillar, fig. 1, and the chryfalis, fig. 2, I have copied from Roefel's figures of German Infeéts. He fays, this caterpillar feeds on nettles, in the private receffes of woods; that it lives through the winter in that ftate, changing to a chryfalis in May; and that in three weeks time the fly appears on the wing. I much doubt the caterpillar's feeding on nettles with us, as this plant is very uncommon in our woods; I fhould rather fuppofe it fed on the bramble, honeyfuckle, or fome low growing fhrub, which affords cover, and is green through the winter.

The caterpillars, in this feétion, are remarkable for their rough and ugly appearance, being covered with long hairy fpines; this formidable figure is their great proteétion from infeétivorous birds; which, however fond of fmooth caterpillars, do not care to touch thefe. They are very fearful; for, on the leaft motion of the plant or leaf they are on, they drop to the ground, and the fpines prevent their being bruifed in the fall.

The male is feen flying in fig. 3. The female is larger, of a paler colour, and the black lines on the upper wings are broader than in the male. The under wing is beautifully ftreaked, on the under fide, with irregular lines, appearing like polifhed filver: fee fig. 4. This infeét is very rapid in flight, and difficult to take on the wing. It delights to fettle on bramble and thiftle bloffoms, on which it feeds, and then may be readily taken.

I fuppofe, that the old name of fritillary, given to this butterfly, and the nine following fpecies, is from their refemblance to that flower, in their checkered markings on the upper wings.

GENRE I. PAPILLONS.

SEC. I. ESP. IX. LA FRITILLAIRE AUX RAIES D'ARGENT.

Pl. 9.

Paphia. *Linnæus.*

Silver wafh Fritillary. *Harris.*

La chenille de ce fuperbe papillon n'a point encore été découverte en Angleterre. La mouche parôit vers la fin de Juin ; elle n'eft pas rare ; on la trouve le long des bois, et dans les chemins étroits, qui les avoifinent. J'ai figuré la chenille, fig. 1, et la chryfalide, fig. 2, d'après Roefel, qui a traité des infeétes d'Allemagne. Il dit, que cette chenille fe nourrit fur les orties, dans les lieux les plus retirés des bois ; qu'elle paffe tout l'hiver en cet état ; qu'au mois de Mai elle fe transforme en chryfalide ; et que, trois femaines après, le papillon parôit avec fes ailes. J'ai peine à croire, que chez nous la chenille vive fur l'ortie, cette efpèce de plante n'étant pas commune dans nos bois ; je croirois plus volontiers, qu'on la trouveroit fur la ronce, le chèvre-feuille, ou quelque petit arbufte, propre à fervir d'abri, et toujours verd.

Les chenilles de cette feétion font remarquables par leur forme hideufe et dégoûtante ; elles font hériffées de longs poils et d'épines, qui femblent leur avoir été accordés par la nature, pour les fouftraire à la voracité des oifeaux ; qui, toujours avides de chenilles rafes, n'ofent pas approcher de celles-ci. Elles font cependant fort craintives ; car, pour peu qu'on agite la plante, ou la feuille, fur lefquelles elles fe trouvent, on les voit auffitôt tomber par terre : leur chute néanmoins, vu leur conformation extérieure, ne leur eft aucunement préjudiciable.

On voit le mâle volant fig. 3. La femelle eft plus groffe, d'une couleur plus pâle, et fes lignes noires fur fes ailes fupérieures font plus larges que dans le mâle. L'aile inférieure eft magnifiquement rayée par deffous de lignes irrégulières, reffemblant à l'argent poli : voyez fig. 4. Cet infeéte a le vol rapide : il eft difficile à prendre, excepté dans l'état de repos, lorfqu' attiré par les fleurs de ronces ou de chardons, il s'arrête pour en fucer le miel.

Je penfe que l'ancien nom de fritillaire, donné à ce papillon et aux neuf efpèces qui fuivent, vient de la reffemblance qu'ils ont avec cette fleur, par les marques répandues fur les ailes fupérieures.

GENUS I. BUTTERFLIES.

SEC. I. SP. X. VIOLET SILVER SPOTTED FRITILLARY.

Pl. 10.

Adippe. *Linnæus.*
High brown Fritillary. *Harris.*

These elegant butterflies make their first appearance on the wing the latter end of June, mostly in lanes near woods in dry situations; and are easily caught when feeding on the bramble or thistle blossoms: but as the sun advances towards the middle of the day, they are restless, sporting and flying about with great swiftness, at which time are very difficult to take. The female lays her eggs in July, on the violets that grow under the shelter of brambles, or some similar cover, on dry banks, or hilly places. The caterpillars are produced in about twelve days, and feed till September; when they spin a fine web at the root of their food, close to the ground; and under this cover they pass the winter in a torpid state. In February or March, according to the mildness of the spring, they begin to feed again: at this time they are but small, of a dull black colour, and thick set with short blunt spines, finely haired. As the spring advances they increase in size, and in May are full fed, as at fig. 1. The beginning of June they prepare for their transformation, by suspending themselves by the tail, and in a few hours the chrysalis appears, as at fig. 2. In this state they remain for three weeks; when the first fine morning brings them out to dry and expand their wings, ready for flight, as at fig. 3. The under wing is elegantly marked on the under side, with spots like polished silver: see fig. 4. The female differs but little from the male.

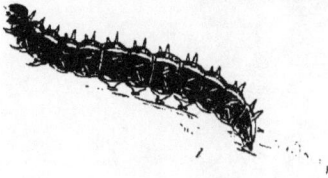

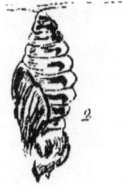

GENRE I. PAPILLONS.

SEC. I. ESP. X. LA FRITILLAIRE DE LA VIOLETTE AUX TACHES D'ARGENT.

Pl. 10.

Adippe. *Linnæus.*
High brown Fritillary. *Harris.*

Ces fuperbes papillons paroiffent pour la première fois avec leurs ailes vers la fin de Juin; communément dans les chemins étroits et fecs, pres des bois. On les faifit aifément, quand ils font occupés à exprimer le fuc des fleurs de la ronce et du chardon : mais lorfque le foleil approche du milieu de fa carriere, leur activité augmente, ils s'agitent, ils volent çà et là avec une vîteffe incroyable : c'eft alors qu'on ne les attrape qu'avec beacoup de difficulté. La femelle pond fes œufs dans le mois de Juillet. Elle les dépofe fur les violettes, qui croiffent à l'abri des ronces, ou des autres arbriffeaux de cette efpèce, dans les lieux fecs ou montagneux. Les chenilles paroiffent environ douze jours après, et prennent de la nourriture jufqu'en Septembre; alors elles fe filent un tiffu fin, qu'elles attachent à fleurs de terre, à la racine de la plante qui leur a fervi d'aliment, et elles paffent ainfi l'hiver dans un état d'anéantiffement. En Fevrier, ou en Mars, fuivant que le printemps eft plus ou moins tempéré, elles commencent à reprendre de la nourriture : mais alors elles font petites, d'un noir fale, couvertes de tubercules garnis de poils fins. A mefure que le printemps s'avance, elles augmentent en groffeur; et au mois de Mai elles font parvenues à leur entier accroiffement, fig. 1. Au commencement de Juin elles fe difpofent à leur transformation, en fe fufpendant par la queue, et quelques heures après la chryfalide paroît, fig. 2. Elles reftent dans cet état pendant trois femaines : et le matin d'un beau jour on voit le papillon quitter fa robe de chryfalide, fècher fes ailes, les développer, et prendre l'effor, fig. 3. Le deffous de l'aile inferieure eft élégamment marqué de taches, qui reffemblent à l'argent poli, fig. 4. Il n'y a qu'une légère différence entre le mâle et la femelle.

GENUS I. BUTTERFLIES.

SEC. I. SP. XI. SILVER SPOTTED FRITILLARY.

Pl. 11.

Aglaia. *Linnæus.*
Dark Green Fritillary. *Harris.*

This species is out on the wing at the same time as the last described; flying with it, and frequenting the same places. It so much resembles the preceding in size, colour, and markings, that it is in general mistaken for the same species; but the caterpillars are widely different; and, as we have not met with one of them in England, I have copied the figure from Roesel, and have likewise added his description. "This scarce caterpillar I received from a friend, full grown, see fig. 1, on the 19th of June 1757. He found it in a wood, feeding on a plant that he did not know, nothing but the leaves appearing, which resembled those of the gilliflower, only were smaller, and attached to long foot-stalks issuing immediately from the root. When the caterpillar was about to undergo its metamorphosis, it spun a few threads against the cover of the box, in which it was kept; and from these suspended itself, with the fore part of the body incurvated, remaining thus nearly the whole day. At length it freed itself from its skin, and appeared in the form of a chrysalis, as at fig. 2. In twelve days I obtained the fine and beautiful butterfly, fig. 3. The male is smaller than the female, but there is scarcely any other difference."

GENRE I. PAPILLONS.

SEC. I. ESP. XI. LA FRITILLAIRE AUX TACHES D'ARGENT.

Pl. 11.

Aglaia. *Linnæus.*
Dark Green Fritillary. *Harris.*

Cet infecte eft dans l'état ailé précifément dans le même temps que le precédent. Ils fréquentent les mêmes lieux, auffi les voit-on fouvent voler de compagnie. Il y a fi peu de différente entre eux, par rapport à la groffeur, à la couleur, et aux marques, qu'on les a pris pour la même efpèce : cependant la chenille eft bien différente ; & comme nous n'en avons trouvé aucune en Angleterre ; j'ai copié la figure de Roefel, dont j'ai auffi tiré la defcription fuivante. " Un de mes amis m'envoya cette rare chenille le 19 Juin, 1757, dans le temps où elle étoit parvenue au terme de fon accroiffement, fig. 1. Il l'avoit trouvée dans un bois, rongeant une plante, qu'il ne connoiffoit pas, elle n'ayant que des feuilles, qui, refemblant affez à celles de la giroflée, excepté qu'elles étoient plus petites, tenoient à de longues pédicules qui tous partoient de la racine. Quand la chenille fut près de fubir fa métamorphofe, elle cola quelques fils de foie au couvercle de la boîte où elle étoit renfermée, et elle en fit un lien, avec lequel elle fe fufpendit par le milieu du corps, dans une pofition ou la partie antérieure de fon corps etoit recourbée. Après avoir paffé ainfi à peu près vingt-quatre heures, elle fe débarraffa de fa peau, et parut fous la forme de chryfalide, fig. 2. Douze jours après j'obtins le beau et fuperbe papillon repréfenté fig. 3. Le mâle eft plus petit que la femelle ; à cela près à peine y a-t-il entre eux la moindre différence."

GENUS I.   BUTTERFLIES.

SEC. I.   SP. XII.   SCALLOPPED WINGED FRITILLARY.

Pl. 12.

Lathonia. *Linnæus.*
Queen of Spain Fritillary. *Harris.*

With the natural hiftory of this rare Englifh infect we are not in the leaft acquainted; and we have only two or three inftances of the butterfly's being
taken in this country.   Mr. Honey, of the Borough, has a good fpecimen in his
extenfive collection of Englifh infects, taken by him in his garden in the month
of Auguft.   The figure of the caterpillar, with the defcription, I have added
from the elegant and correct work of Sepp.   " The eggs of this butterfly are
ribbed and oblong; the broadeft end being faft glued to the plant on which it
is laid.   The female lays them not in clufters, but feparate; and it is remarkable,
that fhe lays only in the fun, ceafing whenever fhe is by any means fhaded.
From the eggs, which the butterfly began to lay on the 10th of June, the firft
caterpillars appeared on the 18th.   They were of a yellowifh gray colour,
with black heads; and their bodies were covered with fine fhort hairs.   On the
27th, they changed their fkins for the firft time, and then acquired fpines, befet
with long hairs: the colour of the caterpillar was now nearly black, with a light
ftripe on the back.   On the 7th of July they changed their fkins a fecond time,
on the 15th a third time, and on the 24th or 25th the fourth and laft time.
The fpines, which after the firft change appeared with fine and long hairs, acquired fhort ftiff ones after the laft change.   In a few days after the fourth
change, the caterpillars had attained their full growth: fee fig. 1. From the chryfalis, fig. 2. in the courfe of a few days I obtained the butterfly, fig. 3.

The difference between the two fexes in this butterfly is fcarcely diftinguifh-
able, except by the greater thicknefs of the body of the female."

The under wing of this butterfly is beautifully marked with oblong filvery
fpots, fig. 4.

GENRE I. PAPILLONS.

SEC. I. ESP. XII. LA FRITILLAIRE AUX AILES DENTELÉES.

Pl. 12.

Lathonia. *Linnæus.*

Queen of Spain Fritillary. *Harris.*

Nous n'avons point par nous-mêmes la moindre connoiſſance de ce rare inſecte Anglois, et nous n'avons que deux ou trois éxemples de papillons de cette eſpèce, pris dans ce royaume. Mr. Honey, du bourg de Southwark, en a un fort beau, dans la collection étendue qu'il a faite d'inſectes Anglois, il le prit lui même dans ſon jardin dans le mois d'Août. J'ai tiré la figure et la deſcription de la chenille de l'ouvrage correct et élégant de Sepp. " Les œufs de ce papillon ſont à côte et oblongs; par l'extrémité la plus large ils ſont fortement collés à la plante, ſur laquelle ils ont été dépoſés : la femelle ne les fait pas par pelotons, mais ſéparément; et une choſe digne de remarque, c'eſt qu'elle ne pond que lorſqu'elle eſt expoſée au ſoleil, ceſſant à l'inſtant où quelque corps extérieur vient en intercepter les rayons. Les premières chenilles, qui provinrent des œufs que les papillons avoient commencé à pondre le dix Juin, parurent le dix-huit du même mois. Elles étoient d'un gris jaunâtre; elles avoient la tête noire, et le corps couvert de poils fins et courts. Le 27 elles changèrent de peau pour la première fois; et alors la nouvelle peau ſe trouva ſemée d'épines garnies de longs poils : la couleur de la chenille étoit alors preſque noire, avec une raie peu marquée ſur le dos. Le 7 de Juillet elles muèrent une ſeconde fois, le 13 une troiſième, et le 24 ou 25 elles changèrent encore de peau pour la dernière fois. Après la première mue, les épines étoient chargées de poils longs et fins : après la dernière on en vit paroître d'autres courts et roides. Peu de jours après le dernier changement de peau, elles parvinrent à la groſſeur ordinaire à leur eſpèce, fig. 1. La chryſalide, fig. 2. me donna, peu de jours après, le papillon, fig. 3.

La différence des deux ſexes dans ce papillon feroit difficile à ſaiſir, ſi le corps de la femelle n'étoit beaucoup plus gros que celui du mâle."

L'aile inférieure de ce papillon eſt élégamment marquée de taches oblongues couleur d'argent, fig. 4.

Vol. I.   H

GENUS I. BUTTERFLIES.

SEC. I. SP. XIII. APRIL FRITILLARY.

Pl. 13.

Euphrofyne. *Linnæus.*
Pearl Border Fritillary. *Harris.*

This butterfly is very plentiful in all our woods, and is the firft of the fritillaries that makes its appearance on the wing in the fpring of the year. I have feen it flying as early as the 12th of April. The caterpillar is unknown; but from the clofe refemblance of the butterfly to others of this numerous and fimilar, yet diftinct clafs of flies, we may reafonably conclude, that it is hairy and fpined; and by being out fo early on the wing in the fpring, we may fuppofe the caterpillar changes to a chryfalis in the autumn, and in that ftate paffes the winter.

The upper fide of the butterfly is reprefented at fig. 1; and it is delineated at reft, with the wings erect, to fhew the under parts, at fig. 2.

SP. XIV. MAY FRITILLARY.

Euphrafia. *Linnæus.*
Small Pearl Border Fritillary. *Harris.*

This butterfly is to be taken in woods about the middle of May, flying with the above defcribed; and indeed they are fo like each other, that a perfon not well acquainted with them would fuppofe them to be the fame fpecies. The difference of the markings on the upper fide is fcarcely difcernible: however the under wing on the under fide is diftinctly different, fo that there is not in reality any doubt of their being diftinct fpecies.

The caterpillar of this fpecies is likewife unknown. I have reprefented the upper fide of this butterfly at fig. 3; and the under fide at fig. 4.

Thefe are common infects, and both fpecies of flies may be eafily taken, when feeding on the different flowers that bloom at the time they are on the wing.

GENRE I. PAPILLONS.

SEC. I. ESP. XIII. LA FRITILLAIRE D'AVRIL.
Pl. 13.

Euphrofyne. *Linnæus.*
Pearl Border Fritillary. *Harris.*

Ces papillons font en très grande abondance dans tous nos bois, et parmi les fritillaires ce font les premiers qui paroiffent avec leurs ailes au printemps. J'en ai vu voler dès le 12 d'Avril. La chenille nous eft inconnue ; mais d'après l'éxacte reffemblance de ce papillon avec ceux de cette claffe nombreufe de mouches, qui, quoique très voifines, font cependant diftinctes, nous pouvons conclure avec fondement, que la chenille eft hériffée de poils et d'épines : et de ce que le papillon paroît fi tôt au printemps, nous devons en inférer auffi, que la chenille fe change en chryfalide en automne, et qu'elle paffe tout l'hiver dans cet état. Le deffus du papillon eft figuré fig. 1 : et il eft repréfenté dans l'état de repos, les ailes élevées, pour qu'on en puiffe voir le deffous, fig. 2.

ESP. XIV. LA FRITILLAIRE DE MAI.

Euphrafia. *Linnæus.*
Small Pearl Border Fritillary. *Harris.*

On peut prendre ce papillon dans les bois vers le milieu de Mai : on le trouve volant avec celui que nous venons de décrire ; et il y a une telle reffemblance entre l'un et l'autre, que, quiconque les verroit pour la première fois, les prendroit certainement pour la même efpèce. La différence des marques du deffus eft difficile à faifir : néanmoins celle du deffous de l'aile inférieure eft frappante ; de manière qu'effectivement il n'y a pas lieu de douter, que ce ne foit une efpèce différente.

La chenille de cette efpèce eft pareillement inconnue. Le deffus du papillon eft repréfenté fig. 3 ; & le deffous fig. 4.

Ces infectes ne font pas rares ; et ceux de l'une et l'autre efpèce peuvent aifément être pris, lorfqu'ils pompent le fuc des différentes plantes, qui font en fleur, lorfqu'ils font dans l'état ailé.

GENUS I. BUTTERFLIES.

SEC. I. SP. XV. PLANTAIN FRITILLARY.

Pl. 14.

Cinxia. *Linnæus.*
Glanvilla Fritillary. *Harris.*

The male of this butterfly is reprefented flying at fig. 3: the female is rather larger, but in colour and markings is nearly the fame; the under fide is feen at fig. 4. Thefe butterflies on the wing about the latter end of May. The female lays her eggs moftly on the long plantain, to which they adhere by a glutinous moifture, and the young caterpillars appear in fourteen days after. They keep together till the approach of winter, when they fpin a fine thin compact web, clofe to the ground, to protect themfelves from wet and cold. Under this they remain fociably together, till the warmth of the fun in the fpring brings them out in queft of nutriment. They are very tender in their nature, and fcarcely move, or feed, but when the fun fhines on them. As they increafe in fize, and the fpring advances, they feparate, and go in fearch of food fingly. They feed not only on plantain, but likewife on clover, and common grafs. They are very timorous, for on the leaft motion of the food or plant they are on, they drop to the ground, and there remain curled up head to tail, till they think the danger is paft. They are moftly at their full growth, as at fig. 1, the laft week in April; and remain in chryfalis from fourteen to twenty days, as at fig. 2. This is not a very common butterfly, but may be met with in meadows, and fields of grafs, in June.

SP. XVI. HEATH FRITILLARY.

Diclynna. *Fabricius.*
Pearl Border Likenefs Fritillary. *Harris.*

This butterfly is not unlike the above defcribed on the upper fide, fee fig. 5: but the under parts clearly diftinguifh them as different fpecies; fee fig. 6. It may be taken in June, flying in the open parts of woods, and dry places, near which heath grows. In fome fummers it is tolerably plenty, and in others fcarcely to be met with; juft as the winter has proved more or lefs favourable to the caterpillars.

As I have not feen the caterpillar, I fhall add the following defcription of it from Wilks's work on infects. " I found the caterpillar of this fly feeding on common heath, in Tottenham wood, about the middle of May 1745. They are of the fame fearful nature as the plantain fritillary. Six or feven of them were feeding near each other. I obferved their manner of eating, which was extremely quick; and when they moved it was at a great rate. I fed them with common heath for three or four days, at the end of which fome of them changed to chryfalis; in which ftate they remained about fourteen days, and then the flies came forth."

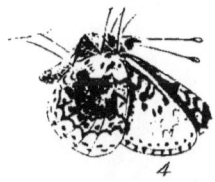

GENRE I. PAPILLONS.

SEC. I. ESP. XV. LA FRITILLAIRE DU PLANTAIN.

Pl. 14.

Cinxia. *Linnæus.*
Glanvilla Fritillary. *Harris.*

Le mâle de ce papillon eſt repréſenté volant fig. 3. La femelle eſt un peu plus groſſe; mais quant à la couleur et aux marques il n'y a preſque aucune différence. Le deſſous eſt figuré fig. 4. Les papillons de cette eſpèce paroiſſent avec leurs ailes vers la fin de Mai. La femelle dépoſe communement ſes œufs ſur le grand plantain, auquel une matière viſqueuſe les rend adhérens; et quinze jours après l'on voit éclore les jeunes chenilles. Elles ſe tiennent enſemble, juſqu'à l'approche de l'hiver, où elles ſe filent par terre un tiſſu fin, clair, et ſerré, pour ſe garantir de l'humidité ainſi que du froid. Sous cet abri elles vivent en ſocieté, juſqu'à ce que la chaleur du ſoleil au printemps les invite à ſortir, pour chercher des alimens. Elles ſont d'un naturel délicat: à peine ſe donnent-elles le moindre mouvement, à peine prennent-elles de la nourriture, a moins que le ſoleil ne darde ſur elles ſes rayons. Lors qu'elles ont pris un certain accroiſſement, et que la ſaiſon s'avance, elles ſe ſéparent, et vont ſeule à ſeule chercher de quoi ſe nourrir. Elles ne vivent pas ſeulement de plantain, mais auſſi de trèfle, et d'herbe commune. Elles ſont très craintives: car pour peu qu'on agite la plante, ou la feuille, où elles ſe trouvent, elles ſe laiſſent tomber par terre, prennent la forme d'un anneau, où la tête touche la queue, et reſtent dans cette poſition, juſqu'à ce qu'elles croient qu'il n'y a plus de danger. Elles ſont parvenues au terme de leur accroiſſement, fig. 1, dans la dernière ſemaine d'Avril: et demeurent ſous la forme de chryſalide depuis quatorze juſqu'à vingt jours, fig. 2. Ce papillon n'eſt pas très commun; mais on le trouve au mois de Juin dans les prairies.

ESP. XVI. LA FRITILLAIRE DES BRUYERES.

Diclynna. *Fabricius.*
Pearl Border Likeneſs Fritillary. *Harris.*

Ce papillon vu par deſſus, tel qu'il eſt fig. 1, reſſemble à celui que nous venons de décrire; mais vu par deſſous, fig. 6, il eſt tellement différent, qu'on ne peut ſe diſpenſer de le regarder commé une eſpèce diſtinĉle. On peut le prendre au mois de Juin, lorſqu'il vole dans les parties claires des bois, et dans les lieux ſecs, près des bruyères. Dans certaines années nous en voyons en été une aſſez grande quantité, dans d'autres on en voit à peine quelques uns, ſelon que l'hiver a été plus ou moins favorable aux chenilles. Comme je ne connois point par moi-même la chenille, Wilks, dans ſon ouvrage ſur les inſeĉtes, m'a fourni la deſcription ſuivante. " J'ai trouvé la chenille de cette mouche vers le milieu de mai, comme elle rongeoit la bruyere dans le bois de Tottenham. Les chenilles de cette eſpèce ſont, comme la fritillaire du plantain, naturellement craintives. Six ou ſept d'entre elles mangeoient près les unes des autres. Je les obſervai, et je remarquai, qu'elles hachoient leur aliment très vite; et que, quand elles ſe mettoient à marcher, elles faiſoient de grands pas. Je les nourris de bruyere pendant trois ou quatre jours, alors pluſieurs d'entre elles ſe changèrent en chryſalides. Elles reſtèrent dans cet état quatorze jours, et enſuite parurent les papillons."

GENUS I. BUTTERFLIES.

SEC. I. SP. XVII. MARSH FRITILLARY.
Pl. 15.

Artemis. *Fabricius.*
Greafy Fritillary. *Harris.*

This infect is out on the wing the middle of May, fee fig. 3, for the figure of the male, and fig. 4, for the under parts. The caterpillars may be found in abundance in the month of September, of a tolerable fize. They are very fociable, keeping together under cover of a fine web, which they fpin to defend themfelves from the inclemency of the weather: and under the protection of this web they pafs the winter months, without food, till the warmth of the fun in the fpring brings them out to feed again. As they increafe in fize they feparate, and fpread abroad in fearch of food. The local attachment to a place is remarkable in this infect; for neither the fly nor the caterpillar will ftray from the place where it was bred. I have feen numbers of this fpeces of butterfly on the wing in a fmall fpot of fwampy marfh land, and could not find one in the meadows adjoining. They fly low, and frequently fettle, fo that they may be caught in plenty. The caterpillars are at their full growth, as at fig. 1, the laft week in April, and fufpend themfelves by the tail to change to chryfalis, fee fig. 2. In this ftate they remain about fourteen days.

This caterpillar is faid to feed on the wild fcabious only: but I always found it to be a general feeder on the different graffes that grow in marfhes. The method I ufed to feed this and other caterpillars, that feed on the furface of the earth, was to cut a turf from the ground where I found them; and on this they fed as readily as in the ftate of nature.

SP. XVIII. SMALL FRITILLARY.

Lucina. *Linnæus.*
Duke of Burgundy Fritillary. *Harris.*

This fmall fpecies of butterfly is common to moft of the woods in England. The moft plentiful time of its flight is about the middle of May, when it may be readily taken in the morning, as it frequently fettles on the bufhes near the place where it was bred. We are not well acquainted with the natural hiftory of the caterpillar. Wilks once met with a number of them, the tenth of April, on the ground; but could not find the proper food for them, as they did not feed with him. On the eighteenth of April ten of thefe caterpillars faftened themfelves by the tail, in order to change to chryfalis; and on the third of May following the flies were bred.

This is the only account we have of this fpecies; from which it is not to be doubted, but the caterpillars live in fociety through the winter, and feed in the fpring, moft probably on grafs.

GENRE I. PAPILLONS.

SEC. I. ESP. XVII. LA FRITILLAIRE DE MARAIS.

Pl. 15.

Artemis. *Fabricius.*
Greafy Fritillary. *Harris.*

Cet infecte eft dans l'état ailé au milieu de mai. Le mâle eft repréfenté fig. 3, et on en voit le deffous fig. 4. On trouve les chenilles en grande quantités au mois de Septembre ; elles font alors paffablement groffes. Elles font fort fociables, et fe tiennent enfemble, enveloppées dans un tiffu fin, qu'elles fe font filé pour fe défendre de la rigueur de la faifon. A l'abri de cette coque elles paffent tout l'hiver, fans prendre de nourriture, jufqu'au printemps, où la chaleur du foleil les invite à fortir, pour chercher des alimens. Comme elles augmentent en groffeur, elles fe feparent, et fe repandent de tous côtés, pour chercher de quoi manger. Cet infecte eft remarquable par l'attachement qu'il conferve pour fon berceau : jamais le papillon et la chenille ne s'écartent du lieu de leur naiffance. J'ai vu un grand nombre de ces papillons volant dans un terrain marécageux, et de peu d'étendue ; j'ai parcouru les prairies voifines, je n'y en ai pas trouvé un feul. Ils volent bas, et fe repofent fouvent ; ainfi on peut les prendre aifément. La dernière femaine d'Avril les chenilles font parvenues au dernier terme de leur accroiffement, fig. 1 ; et elles fe fufpendent par la queue lorfqu'elles paffent à l'état de chryfalide, fig. 2. Elles reftent fous cette forme environ quatorze jours. On croit communément, que ces chenilles fe nourriffent exclufivement de fcabieufe fauvage ; et moi, j'ai toujours obfervé, qu'elles mangeoient indifféremment les herbes, qui fe trouvent dans les marais. Voici la méthode que j'ai employée pour élever cette chenille, ainfi qu'une infinité d'autres, qui vivent fur la furface de la terre : j'ai enlevé la portion de gazon où je les ai trouvées ; et j'ai remarqué, que demeurant toujours fur la même motte de terre, elles prenoient de l'accroiffement auffi promptement, que fi elles fuffent reftées dans le lieu qui les avoit vu naître.

ESP. XVIII. LA PETITE FRITILLAIRE.

Lucina. *Linnæus.*
Duke of Burgundy Fritillary. *Harris.*

On trouve partout dans nos bois en Angleterre cette petite efpèce de papillons. Ceft vers le milieu du Mois de Mai, qu'on les voit voler en plus grand nombre. Rien n'eft plus aifé que de les attraper le matin, parce qu'alors ils vont communément fe pofer fur les buiffons où ils font nés. Nous ne connoiffons pas bien l'hiftoire particulière de la chenille. Wilks trouva une fois plufieurs chenilles par terre ; mais il ne put découvrir quel étoit l'aliment, qui leur etoit propre, ne les ayant point vues manger. Le dix-huit d'Avril dix de ces chenilles fe fufpendirent par la queue, avant de fe transformer en chryfalide ; et le trois de Mai fuivant les mouches quittèrent leur enveloppe. Voilà tout ce que nous avons pu recueillir fur cette efpèce. Nous croyons pouvoir en inférer, que les chenilles vivent en fociété pendant l'hiver, qu'elles prennent de la nourriture au printemps, et que probablement l'herbe eft l'aliment qu'elles préfèrent.

GENUS. I. BUTTERFLIES.

SEC. II. PURPLE SHADES.

The larva is furnished with two horns on the head, resembling the telescopes of the snail, and the tail is drawn out to a point. It suspends itself by the tail in order to change to chrysalis.

SEC. II. SP. XIX. PURPLE SHADES.

Pl. 16.

Iris. *Linnæus.*
Purple Emperor. *Harris.*

This most beautiful butterfly is an inhabitant of our woods; but it is very far from being common: and the rapidity of a flight so quick, that the eye can scarcely follow it, and its soaring like a hawk high in the air, makes it very difficult to take, particularly as it rarely settles but on the sides or tops of the tallest oak or ash trees. The rarity of finding a caterpillar much adds to the value of a fine specimen of this insect. The male is represented flying at fig. 3, the female at fig. 4, and the under parts at fig. 5. The caterpillar lives through the winter, and feeds on the sallow trees or bushes, that grow in wet places, in or near woods. It is at its full growth, as at fig. 1, about the first week in June; when it prepares for its metamorphosis, by suspending itself by the tail, and in twenty-four hours after the chrysalis appears; from which in the course of three weeks the fly is produced, and in a few hours is ready to propagate its species.

GENRE I. PAPILLONS.

SEC. II. OMBRES DE POURPRE.

Les larves ou chenilles ont la tête armée de deux cornes, semblables à celles du Limaçon: leur queue se termine en pointe. Elles se suspendent par la queue, lorsqu'elles sont prêtes à se changer en chrysalides.

SEC. II. ESP. XIX. LES OMBRES DE POURPRE.

Pl. 16.

Iris. *Linnæus.*
Purple Emperor. *Harris.*

Ce superbe papillon habite nos bois; mais il s'en faut bien qu'il y soit commun. Il vole avec une si grande rapidité, qu'on a peine à le suivre des yeux: tel que l'epervier il prend l'essor, et s'élève à une hauteur prodigieuse : s'il se repose, c'est ordinairement sur les branches les plus hautes, ou sur la cime des chênes, ou des frênes les plus élevés. C'est pourquoi il est si rare et si difficile de l'attraper. La rareté singulière de la chenille ajoute encore au prix d'un bel individu de cette espèce. Le mâle est représenté volant, fig. 3; la femelle, fig. 4; et on en voit le dessous, fig. 1. Les chenilles vivent tout l'hiver, et se nourrissent sur le saule, ou sur les buissons qui croissent dans les bois, ou près des bois, dans des lieux humides. Dans la première semaine de Juin elles sont parvenues à la grosseur ordinaire à leur espèce. Alors elles se préparent à leur métamorphose, en se suspendant par la queue: vingt-quatre heures après la chrysalide paroît, qui au bout de trois semaines nous donne un papillon, qui, dans quelques heures, va propager son espèce.

GENUS. I. BUTTERFLIES.

SEC. III. ARGUS.

Moſt of the caterpillars are covered with a fine downlike hair: all have two points projecting at the tail, and fix themſelves by the tail when ready for transforming to the chryſalis.

SEC. III. SP. XX. GREAT ARGUS.
Pl. 17.

Semele. *Linnæus.*
Grailing. *Harris.*

The caterpillar of this butterfly feeds on graſs, cloſe to the roots of which it lies concealed in the day time, and being of a pale green colour is not eaſily diſcovered. It rarely ventures out to feed, except in the evening, for fear of birds, which are always ſearching for this kind of caterpillar. The butterflies are out on the wing the end of June, or the beginning of July. They are not generally diſtributed, but are peculiar to dry paſtures, and gravelly or chalky ſituations, except that they are ſometimes found in dry woodlands. They are eaſily taken, as they are not active in flight, and frequently ſettle on the ground. The caterpillars arrive at their full growth the middle of June, at which time they unite ſeveral blades of graſs together by a web, and ſuſpend themſelves by the tail in the centre, ſo that they hang an inch or two from the ground. In a ſhort time after the chryſalis is perfected; and in about three weeks the fly is ready to take the invitation of a fine morning, to iſſue forth and fly abroad. The male I have repreſented at fig. 3, the female, flying, at fig. 4, the under parts at fig. 5, the caterpillar at fig 1, and the chryſalis at fig. 2.

H. Z....... del et sculp[?]

GENRE I. PAPILLONS.

SEC. III. ARGUS.

La plupart des chenilles font couvertes d'un poil fin femblable à du duvet: toutes ont à la queue deux points faillants; et fe pendent par la queue, quand elles font prêtes à prendre la forme de chryfalide.

SEC. III. ESP. XX. LE GRAND ARGUS.

Pl. 17.

Semele. *Linnæus.*

Grailing. *Harris.*

La chenille de ce papillon n'eft pas aifée à découvrir, parce que, durant le jour, elle fe tient cachée près de la racine de l'herbe qui la nourrit, et que d'ailleurs elle eft d'un verd pâle. Rarement elle ofe fortir pour chercher de la nourriture, excepté le foir: elle eft retenue par la crainte de devenir la proie des oifeaux, qui recherchent avidement cette efpèce de chenille. Les papillons quittent leur dépouille de chryfalide à la fin de Juin, ou au commencement de Juillet. On ne les trouve pas partout: ils affeɛtent de préférence les pâturages fecs, les terrains où dominent le gravier et la chaux, ou bien encore les lieux couverts de bois et fecs. Ils ne font pas difficiles à attraper, parceque leur vol eft lent, et qu'ils fe repofent fouvent par terre. Les chenilles ont atteint leur dernier terme d'accroiffement au milieu de Juin. Alors elles joignent enfemble plufieurs brins d'herbes par des fils de foie, et fe fufpendent par la queue au centre du tiffu, de manière quelles ont la tête à un pouce ou deux de la terre. Peu de temps après la chryfalide eft formée: et dans trois femaines environ, le matin d'un beau jour, le papillon quitte fon fourreau de chryfalide, fecoue fes ailes, et prend l'effor. Le mâle eft reprefenté, fig. 3; la femelle volant fig. 4; et on en voit le deffous fig. 5. Voyez la chenille fig. 1, et la chryfalide fig. 2.

GENUS I. BUTTERFLIES.

SEC. III. SP. XXI. MEADOW BROWN ARGUS.

Pl. 18.

Janira. Male. } *Linnæus.*
Jurtina. Female. }
Meadow Brown. *Harris.*

This is a very common fly with us, and is to be seen in every meadow during the summer months, yet the caterpillar is but rarely met with. The male butterfly I have delineated at fig. 3, the female at fig. 4, the under parts at fig. 5. The fly makes its first appearance on the wing the first week in June, at the end of which month the female lays her eggs, not fixing them to any particular plant, but dropping them here and there on the earth. In a short time the caterpillars are bred, and feed on the different grasses, that grow in the meadows. They conceal themselves at the bottom of the grass when young, and there feed: as they advance in size, they venture out in the evening, and feed more generally. I have no doubt but this cautious manner of feeding is their great protection from their enemies the ichneumon fly and birds. This will in some measure account for the smooth caterpillars, and those with little hair on them, being so seldom seen, as they mostly conceal themselves in the day time. Some of the caterpillars of this fly, which have grown fast, and were produced from eggs laid early in the season, change to chrysalis at the end of the summer, and will sometimes appear on the wing in the autumn: others hang through the winter in chrysalis, as at fig. 2, till June: and some of the caterpillars live through the winter, and change to chrysalis in May.

I have represented the caterpillar ready for its transformation at fig. 1. It prepares for this change by fixing itself by the tail, and in a few hours after the chrysalis appears. In about fourteen days after this the fly makes its appearance in all its splendour.

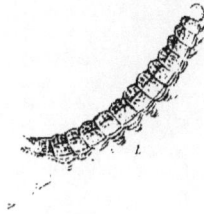

GENRE I. PAPILLONS.

SEC. III. ESP. XXI. L'ARGUS BRUN DES PRÉS.
Pl. 18.

Janira, Male. ⎫
Jurtina, Female. ⎬ *Linnæus.*

Meadow Brown. *Harris.*

Cette mouche eſt très commune dans ce pays; on la voit par tout dans nos
prairies pendant le cours de l'été; il n'en eſt pas de même de la chenille; on
ne la trouve que difficilement. J'ai repréſenté le mâle fig. 3; et la femelle fig. 4:
on en voit le deſſous fig. 5. Ces mouches ne paroiſſent point avec leurs ailes
avant la première ſemaine de Juin. A la fin de ce mois la femelle fait ſes œufs.
Elle ne les dépoſe point ſur une plante particulière; mais elle les laiſſe tomber
çà et là par terre. Peu de temps après les petites chenilles écloſent, et ſe nourriſſent des différentes herbes, qui croiſſent dans les prés. Quand elles ſont
jeunes elles ſe tiennent cachées au pied des tiges d'herbes, et en rongent les
feuilles: à meſure qu'elles prennent de l'accroiſſement, elles deviennent un peu
plus hardies; elles oſent ſortir, mais le ſoir ſeulement, et alors elles mangent
avec plus de liberté. Je ne doute nullement que cette circonſpection ne pro-
vienne de la crainte qu'elles ont de devenir la proie des oiſeaux, ou des mouches
ichneumones, leurs ennemies mortelles. C'eſt pourquoi on voit ſi rarement les
chenilles raſes, auſſi bien que celles qui ſont peu velues, attendu qu'ordinairement elles reſtent cachées pendant le jour. Parmi les chenilles qui naiſſent de
cette mouche, celles qui ont pris un prompt accroiſſement, et qui proviennent
des œufs les premiers pondus, ſe transforment en chryſalide à la fin de l'été, et
parviennent quelquefois à l'état ailé dans l'automne: mais d'autres reſtent tout
l'hiver ſuſpendues ſous l'enveloppe de chryſalide, fig. 2, juſqu'au mois de Juin:
les autres vivent tout l'hiver, et ne ſe changent en chryſalide qu'au mois de Mai.
J'ai repréſenté la chenille prête à ſe métamorphoſer, fig. 1. Pour ſe préparer
à ce changement, elle ſe pend par la queue, et quelques heures après la chryſalide paroît. Il ne faut plus qu'environ quinze jours à l'inſecte, pour arriver à
ſon dernier degré de perfection; et alors on voit le papillon paroître dans tout
ſon éclat.

GENUS I.   BUTTERFLIES.

SEC. III.   SP. XXII.   WOOD ARGUS.

Pl. 19.

Ægeria.   *Linnæus.*
Speckled Wood.   *Harris.*

This butterfly is peculiar to woods, and may be feen flying as early as the middle of April.   This brood is from the caterpillars that have lived through the winter, and have changed to chryfalis the end of March, in which ftate they remain for about twenty days, when the flies are perfected.   The caterpillars feed on grafs, and go through the different changes exceedingly quick, fo that there are not lefs than three diftinct broods of the flies in one fummer.

The caterpillar arrived at the full growth is delineated at fig. 1, the chryfalis at fig. 2, the male is reprefented flying at fig. 3, and the under parts of the female at fig. 4.   The caterpillar is rarely met with, as it feeds clofe to the furface of the earth, and is nearly of the fame colour as its food; but the flies may be taken without much trouble, as they do not fly quick, and frequently fettle.

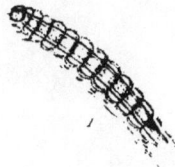

GENRE I. PAPILLONS.

SEC. III. ESP. XXII. ARGUS DES BOIS.

Pl. 19.

Ægeria. *Linnæus.*
Speckled Wood. *Harris.*

Ces papillons font particuliers aux bois : et on les voit voler dès le milieu d'Avril. Cette peuplade provient des chenilles qui ont vécu pendant tout l'hiver, et qui ne fe font changées en chryfalides qu'à la fin de Mars : elles font reftées dans cet état environ vingt jours ; et alors les mouches ont atteint le terme de leur perfection. Les chenilles fe nourriffent d'herbe, et fubiffent leurs differents changements en très peu de temps, de manière que dans l'efpace d'un été feulement l'infecte a paffé trois fois par l'état de papillon, qui trois fois a propagé fon efpèce. La chenille parvenue à fon entier accroiffement eft repréfentée, fig. 1, et la chryfalide fig. 2 : le mâle eft repréfenté volant fig. 3, et on voit le deffous de la femelle fig. 4. On trouve rarement la chenille, attendu qu'elle vit tout à fait contre terre, et qu'elle eft prefque de la même couleur que la plante qui la nourrit : mais on attrape fort aifément les papillons, parce que leur vol n'eft pas rapide, et que d'ailleurs ils fe repofent fréquemment.

GENUS I.   BUTTERFLIES.

SEC. III.   SP. XXIII.   BROWN ARGUS.

Pl. 20.

Hyperantus. *Linnæus.*
Ringlet. *Harris.*

Caterpillars that feed on the leaves of trees, shrubs, or bushes, are readily discovered by beating the boughs into a sheet; but those that feed on herbs, or grasses, that grow close to the surface of the earth, are not to be obtained but by the most diligent search under the cover, that the leaves or roots afford them: and as the caterpillars in this section do not keep together, but are dispersed, and live in a solitary manner, they are but rarely to be met with. The caterpillar of this butterfly lives through the winter, and does not arrive at its full growth, as at fig. 1, till the middle of May; when it prepares for its transformation. Suspending itself by the tail, it changes to the chrysalis, as at fig. 2, in a few hours; and the whole of the metamorphosis is completed in three weeks, the butterfly being perfect, and on the wing, the first week in June. The upper parts are represented at fig. 3, and the under side of the male at fig. 4. The female differs a little on the under side, and is represented at fig. 5. This is a common insect, frequenting the skirts of woods, and the sides of hedges, when on flight.

V. Lewin del. et sc.

GENRE I. PAPILLONS.

SEC. III. ESP. XXIII. L'ARGUS BRUN.

Pl. 20.

Hyperantus. *Linnæus.*
Ringlet. *Harris.*

Il eſt fort aiſé de découvrir les chenilles qui vivent ſur les arbres, les buiſ-ſons, ou les arbriſſeaux; on en ſecoue les branches, et on les reçoit dans un drap, qu'on a eu ſoin d'étendre deſſous. Mais il n'en eſt pas ainſi de celles qui ſe nourriſſent d'herbes, ou de plantes, qui croiſſent près de la ſurface de la terre; avec toute la patience et l'attention poſſible, à la faveur des feuilles, ou des racines, qui les cachent, elles échappent aux yeux les plus exercés à ces ſortes de recherches; et comme les chenilles de cette ſection ne ſe tiennent point enſemble, mais qu'elles vivent ſéparément et diſperſées, il eſt encore plus diffi-cile de les trouver. La chenille de ce papillon vit pendant l'hiver, et ne par-vient au dernier terme de ſon accroiſſement fig. 3, qu'au milieu de Mai. Quand elle eſt près de ſe transformer elle ſe ſuſpend par la queue; elle ſe change en chryſalide quelques heures après, et tout le temps de ſa métamorphoſe n'excède pas trois ſemaines, le papillon étant parvenu à ſon dernier degré de perfection, et prêt à voler au commencement de Juin. Le deſſus de ce papillon eſt repréſenté fig. 3, et le deſſous du mâle fig. 4. Le deſſous de la femelle différant de celui du mâle, il eſt auſſi repréſenté, fig. 5. Cet inſecte n'eſt pas rare; il fréquente les liſières des bois, et vole le long des haies.

GENUS I. BUTTERFLIES.

SEC. III. SP. XXIV. ORANGE ARGUS.

Pl. 21.

Megæra. *Linnæus.*
Wall. *Harris.*

This butterfly makes its appearance on the wing the middle of May. In a short time after the female lays her eggs, and fixes them to the blades of grafs, not all in one place, but here and there. The caterpillars eat the various graffes that grow in dry paftures, or on banks, and the fide of hedges. About the middle of July they are at their full growth, as at fig. 1. They then fix themfelves by the tail, and in a day or two the chryfalis appears, as reprefented at fig. 2. In about three weeks after the butterfly is bred. The caterpillars produced from the eggs of thefe iffue forth in fix or eight days, and feed until the weather is too cold for them. They then feek out a warm retreat, and lie dormant through the winter, till the fun's warmth in the fpring revives vegetation, and reftores vigour to the animal creation. Thefe caterpillars change to chryfalides the end of April, and from them we have the fummer ftock of this fly. The male is reprefented flying at fig. 3 : the female differs both in fize and markings, fee fig. 4; and, for the under fide, fig. 5. This butterfly is very common in lanes, road fides, and barren places in woods. It frequently fettles on the trunks of trees and dry places, and then may be eafily taken.

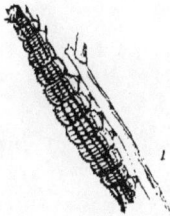

GENRE I. PAPILLONS.

SEC. III. ESP. XXIV. L'ARGUS ORANGÉ.

Pl. 21.

Megæra. *Linnæus.*
Wall. *Harris.*

Ce papillon paroît au milieu de Mai. Peu de temps après la femelle pond ses œufs et les applique contre les tiges de l'herbe ; elle ne les dépose pas tous dans le même endroit ; mais elle les disperse çà et là. Les chenilles se nourrissent des différentes herbes qui croissent dans les pâturages secs, le long des chemins, ou à côté des haies. Vers le milieu de Juin, elles ont pris tout leur accroissement, fig. 1, et alors elles se suspendent par la queue. Au bout de deux ou trois jours on voit paroître les chrysalides, fig. 2, et environ trois semaines après les papillons. Les chenilles qui proviennent des œufs pondus par ces derniers, éclosent au bout de sept à huit jours, et prennent de la nourriture jusqu'à ce que la saison devenue trop rigoureuse les force à la retraite. Alors elles cherchent un asile commode où elles soient défendues contre les impressions de l'air ; et passent ainsi l'hiver dans un état de sommeil, jusqu'à ce que la chaleur du printemps, qui ranime la nature presque éteinte, vienne leur rendre la vie. Ces chenilles se changent en chrysalides à la fin d'Avril ; et ce sont celles-ci qui nous donnent les mouches de cette espèce que nous voyons en été. Le mâle est représenté volant fig. 3, la femelle en diffère et quant à la grosseur et quant aux marques, fig. 4. On en voit le dessous fig. 5. Ce papillon est fort commun ; on le voit dans les chemins étroits, le long des routes, et même dans les parties des bois qui sont stériles. Il se repose souvent sur les troncs d'arbres et dans des lieux arides, et alors on peut aisément le saisir.

GENUS I. BUTTERFLIES.

SEC. III. SP. XXV. CLOUDED ARGUS.

Pl. 22.

Tithonus. *Linnæus.*
Large Gate-keeper. *Harris.*

The caterpillars of this fly feed on grafs, and live through the winter. They are full fed, as at fig. 1, and change to chryfalis, fee fig. 2, about the firft week in June; and the butterflies make their appearance the end of the fame month, or the beginning of July following. The female fly is larger than the male, and differs in not having the dark clouded marking on the upper wings; fee fig. 4. The male is reprefented as flying at fig. 3, and the under parts are difplayed at fig. 5. This is a common fpecies, and frequents the fides of hedges, and the environs of woods, when on the wing. It may be taken without difficulty, as it flies low, and fettles on the bloffoms of different plants for food.

W. Lizars Delt et Sculp.

GENRE I. PAPILLONS.

SEC. III. ESP. XXV. L'ARGUS NÉBULEUX.

Pl. 22.

Tithonus. *Linnæus.*
Large Gate-keeper. *Harris.*

Les chenilles de cette mouche fe nourriffent d'herbe et vivent fous cette forme pendant tout l'hiver. Elles font parvenues à la groffeur ordinaire à leur efpèce fig. 1, et fe changent en chryfalides, fig. 2, vers la première femaine de Juin : les papillons paroiffent à la fin du même mois, ou au commencement du fuivant. La femelle de ce papillon eft plus groffe que le mâle, et elle n'a pas, comme ce dernier, fur les ailes fupérieures cette efpèce de nuage fombre fig. 4 : le mâle eft auffi repréfenté volant fig. 3 ; on en voit le deffous fig. 5. Cette efpèce n'eft pas rare. On la trouve dans l'état ailé le long des haies, et dans les environs des bois ; le papillon eft aifé à faifir, attendu qu'il vole bas, et qu'il va fe repofer fur les fleurs des diverfes plantes dont il fuce la liqueur.

GENUS I.   BUTTERFLIES.

SEC. III.   SP. XXVI.   SMALL ARGUS.

Pl. 23.

Pamphilus. *Linnæus.*
Small Gate-keeper. *Harris.*

The middle of April, if the spring be mild, these small butterflies make their first appearance.   The caterpillars that produce them are bred late in the autumn, and feed on grass.   When the winter begins to affect them, they secrete themselves in holes, under clods of earth, or at the roots of grass.   On the approach of spring, they crawl out, and feed again, and are full fed by the first week in April, as at fig. 1.   They then fasten themselves up by the tail, and change to chrysalides, as at fig. 2, in a short time afterwards.   The enclosed fly is perfected, and comes forth, in eighteen or twenty days.   There appear to be two or three broods of this insect in the summer, as we see fresh and perfect specimens on the wing in April, June, and August.   It is a common butterfly in all our meadows and dry pastures.   The upper part of the male is delineated at fig. 3, the under side at fig. 4.   The female differs but little from the male.

SPE. XXVII.   MANCHESTER ARGUS.

Hero. *Linnæus.*

This butterfly was scarcely known in England till lately; when a gentleman found several in a moorish or swampy situation, near Manchester; and, from their local attachment to the same place, he takes them on the wing every year in July.   The fly I have figured from one in Mr. Francillon's magnificent collection of foreign and British insects.   The upper part is represented at fig. 5, and the under part at fig. 6.

GENRE I. PAPILLONS.

SEC. III. ESP. XXVI. LE PETIT ARGUS.

Pl. 23.

Pamphilus. *Linnæus.*
Small Gate-keeper. *Harris.*

Au milieu d'Avril, fi le printemps a été doux, cette petite efpèce de papillons paroît pour la première fois. Les chenilles d'ont ils proviennent ont été tardives, et ne font éclofes que dans l'automne ; elles fe nourriffent d'herbe. Quand elles fentent approcher l'hiver, elles fe cachent dans des trous, fous des mottes de terre, ou près des racines de la plante qui leur a fervi d'aliment. A l'approche du printemps elles fortent de leur retraite et prennent encore de la nourriture ; elles font parvenues à leur dernier accroiffement vers la première femaine d'Avril, fig. 1 : alors elles fe pendent par la queue, et fe changent en chryfalides, fig. 2, peu de temps après. La mouche acquiert dans fon enveloppe fon dernier degré de perfeétion, et paroît dans dix-huit ou vingt jours. Il paroît que cet infeéte multiplie deux ou trois fois dans le cours de l'été ; ce qui le prouve, c'eft que nous voyons naître de nouveaux papillons en Avril, en Juin, et au mois d'Août. Ce papillon eft commun, et fe trouve partout dans nos prés, ainfi que dans les pâturages fecs. Le deffus du mâle eft repréfenté fig. 3, et le deffous fig. 4 : la femelle diffère peu du mâle.

ESP. XXVII. L'ARGUS DE MANCHESTER.

Hero. *Linnæus.*

Il y a peu de temps, on connoiffoit à peine cette efpèce de papillons en Angleterre ; ils font plus connus maintenant, depuis qu'un amateur en a découvert plufieurs dans un lieu marécageux près de Manchefter ; et comme ils paroiffent fingulièrement attachés au lieu de leur naiffance, tous les ans, au mois de Juillet, il en prend quelques-uns. J'ai figuré la mouche d'après un papillon que j'ai trouvé dans la fuperbe colleétion d'infeétes foit Anglois foit étrangers que poffède M. Francillon. Le deffus eft repréfenté fig. 5, et le deffous fig. 6.

GENUS I. BUTTERFLIES.

SEC. III. SP. XXVIII. MARBLED ARGUS.

Pl. 28.

Galathea. *Linnæus.*
Marbled White. *Harris.*

The caterpillars of this species are bred from the egg the latter end of July, and feed on meadow grafs the remaining part of the summer. On the approach of winter they conceal themselves in the ground, and abstain from food till the month of March, when they feed again on the young and tender shoots of grafs. In June they arrive at their full growth, as at fig. 1, and change to chrysalides about the middle of the same month, see fig. 2. The fly is perfect and on the wing the first week in July, and in a few days lays its eggs, scattering them about the meadows; and as the eggs are not glutinous, like those of most other insects, they drop among the grafs, and rest in security, till the proper time for the caterpillars to make their appearance. This butterfly is to be met with in dry meadows, or pasture lands. It does not range abroad, but is locally attached to the place where it was bred: so that it is common to see fifty or a hundred on the wing in one meadow, and in the fields adjoining not one. The male is displayed as flying at fig. 3. The female is not unlike the male on the upper side, but the under parts differ a little in colour, see fig. 4.

GENRE I. PAPILLONS.

SEC. III. ESP. XXVIII. L'ARGUS MARBRÉ.

Pl. 28.

Galathea. *Linnæus.*
Marbled White. *Harris.*

Les chenilles de cette efpèce fortent de l'œuf à la fin de Juillet et fe nourriffent d'herbe pendant le refte de l'été. A l'approche de l'hiver elles fe cachent fous
terre et ne prennent plus de nourriture jufqu'au mois de Mars; à cette époque
elles recommencent à manger, et rongent les brins d'herbe encore jeune et tendre.
En Juin elles parviennent à leur accroiffement parfait fig. 1, et fe transforment
en chryfalide vers le milieu du même mois : voyez fig. 2. La mouche eft
entièrement formée et en état de voler dans la première femaine de Juillet ; peu
de jours après elle pond fes œufs, qu'elle laiffe tomber çà et là dans les prés ; et
comme, différant en cela de ceux des autres infectes, ils ne font point imbibés
d'une humidité vifqueufe, ils s'introduifent entre les brins d'herbe, et y reftent
en fûreté, jufqu'au temps où les chenilles doivent éclore. On trouve ces papillons dans les prés fecs, ou dans les pâturages. On ne les voit point errer de
côté et d'autre, ils femblent particulièrement attachés au lieu de leur naiffance : aufli eft-il fort ordinaire d'en voir voler cinquante, cent dans une
prairie, et de n'en pas trouver un feul dans les prés adjacents. On voit le
mâle fig. 3, il eft repréfenté les ailes deployées, comme il les a quand il vole.
Par deffus, la femelle reffemble au mâle ; mais par deffous, elle en différe un
peu quant à la couleur, voyez fig. 4.

GENUS I. BUTTERFLIES.

SEC. IV. WHITES.

Caterpillars covered with a fine downlike hair : they fix themfelves, in order to change to chryfalis, with a band round the middle, and by the tail with a glutinous filky thread.

SEC. IV. SP. XXIX. BLACK VEINED WHITE.

Pl. 24.

Cratægi. *Linnæus.*
Black veined white. *Harris.*

This butterfly makes its firft appearance the middle of June. It is not very common, or eafily taken on the wing, as it flies pretty quick over meadows and corn fields. The beft way to obtain good fpecimens is to breed them from the caterpillars, which may be found in May, on white thorn bufhes, full fed; fee fig. 1. They are very focial, and do not feparate till they go in fearch of a convenient place for their transformation. The parent fly lays its eggs the end of June, or the beginning of July, in a clufter, on the white thorn bufhes, to which they adhere by a glutinous moifture. The young caterpillars are bred in a few days: they then enclofe themfelves in a web, under cover of which they lie in the heat of the day, and come forth morning and evening to feed. At the approach of winter they fpin a very clofe and ftrong web, as a protection from wet and cold; and under this web they lie concealed without food, till the warmth of the fun in the fpring revives them. They then come out, and feed greedily on the buds and tender leaves of the bufh they are on; and about the middle of May they prepare for their change to chryfalis, by fixing themfelves by the tail to a twig, or flender branch, with a ftrong white web; after which they carry a ftrong thread of the fame over their backs, near the head. This is likewife made faft to the twig on each fide, and in a day's time the chryfalis appears, as at fig. 2. They remain in this ftate about twenty days, when the butterfly comes forth, and in a fhort time afterward unfolds and dries its wings, and takes its flight, as at fig. 3. For the under parts, with the wings clofed, and erect, as at reft, fee fig. 4.

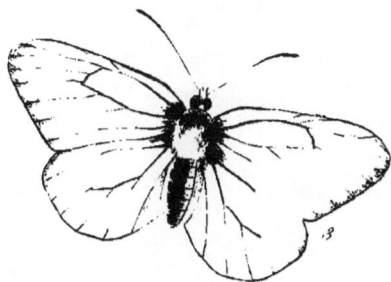

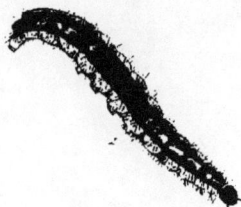

GENRE I. PAPILLONS.

SEC. IV. BLANCS.

Les chenilles font couvertes d'un poil auſſi fin que du duvet : pour ſe changer en chryſalides, elles s'attachent avec un lien qui leur embraſſe le corps, ainſi que par la queue,
moyennant un fil de ſoie imbibé d'une liqueur gluante.

SEC. IV. ESP. XXIX. LE BLANC VEINÉ DE NOIR.

Pl. 24.

Cratægi. *Linnæus.*
Black veined White. *Harris.*

Le papillon de cette eſpèce paroît pour la première fois au milieu de Juin. Il n'eſt pas
très commun, et on ne le ſaiſit pas aiſément, parcequ'il vole avec aſſez de vivacité au
travers des prés et des champs. Le meilleur expédient pour ſe procurer de beaux papillons,
c'eſt de faire l'éducation de quelques individus en les prenant lorſqu'ils ſont encore dans
l'état de chenilles. On trouve celles-ci dans le mois de Mai ſur les buiſſons d'épine
blanche ; alors leur accroiſſement eſt complet : voyez fig. 1. Elles ſont très ſociales et
ne ſe ſéparent que pour aller chercher un endroit commode pour leur métamorphoſe. Le
papillon femelle dépoſe ſes œufs, à la fin de Juin ou au commencement de Juillet, par
pelotons, ſur les buiſſons d'épine blanche auxquels une humidité viſqueuſe les tient
adhérens. Les jeunes chenilles écloſent peu de jours après : elles s'entourent d'une toile,
qui leur ſert de tente pendant la chaleur du jour, et d'où elles ne ſortent que le matin et
le ſoir, pour aller à la picorée. 'A l'approche du printemps elles ſe filent un tiſſu très fort
et très ſerré, pour ſe garantir de l'humidité ainſi que du froid. Elles ſe tiennent cachées
dans ce petit logement juſqu'à la ſaiſon nouvelle, où le ſoleil vient les réchauffer et les
rendre à la vie. Alors elles ſortent, et dévorent les bourgeons et les feuilles naiſſantes du
buiſſon ſur lequel elles ſe trouvent; et vers le mois de Mai elles ſe préparent à ſe tranſ-
former en chryſalides. Pour faire cette grande opération elles s'attachent par la queue à
une branche ou jeune ou menue, à l'aide d'une toile forte de couleur blanche ; elles ſe
paſſent enſuite un lien de ſoie très fort qui leur entoure le dos près de la tête; après en
avoir ſortement collé les deux bouts ſur la branche contre laquelle elles ont voulu ſe fixer.
Un jour après cette opération les chryſalides paroiſſent, fig. 2. Elles reſtent dans cet état
environ vingt jours, et alors le papillon ſe défait de ſon ſourreau : et peu de temps après
il développe ſes ailes, les ſèche, et prend ſon eſſor, fig. 3. On en voit le deſſous fig. 4,
ſes ailes fermées et redreſſées comme elles le ſont dans l'état de repos.

GENUS I. BUTTERFLIES.

SEC. IV. SP. XXX. LARGE GARDEN WHITE.

Pl. 25.

Brafficæ. *Linnæus.*

Large Garden White. *Harris.*

This is a very common and deftructive infect in our gardens, the caterpillars being very numerous, and great devourers of the cabbage and cauliflower plants from June to October. The butterflies make their firft appearance on the wing the middle of May, and lay their eggs on the under fide of the cabbage leaf, in clufters, about the end of the fame month. The caterpillars come forth in a few days after. They feed together till the end of June, by which time they are moftly full fed, as at fig. 1. They then travel about in fearch of a convenient place to fix themfelves under, for fhelter to the chryfalis. When they have found one to their liking, they faften the tail with a web, and carry a ftrong thread of the fame round the body near the head. Thus firmly fecured they hang a few hours, when the chryfalis is perfectly divefted of the caterpillar's fkin, and appears as at fig. 2. In fourteen days after this change, the fly is on the wing, fporting in the air as a new creature. The caterpillars from this ftock arrive at their full growth, and change to chryfalides, in September; in which ftate they remain through the winter, till the beginning of May following. The male differs from the female in colour and fpots, fee fig. 3; and for the figure of the female fee fig. 4. The under fide is at fig. 5. This peft to our gardens may be found in the winter months hanging under the copings of garden walls, pales, or any other place that affords fhelter to the chryfalides. The deftroying one of thefe is of more utility than taking fifty of the ftinking caterpillars from the plant they are on.

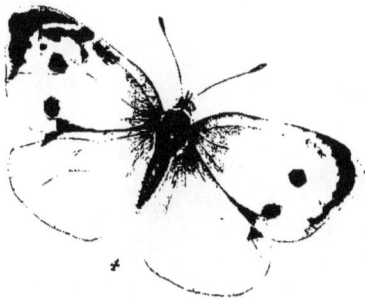

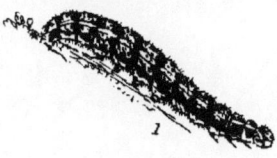

W. Lewin del. et sculp.

GENRE I. PAPILLONS.

SEC. IV. ESP. XXX. LE GROS BLANC DES JARDINS.
Pl. 25.

Braffica. *Linnæus.*

Large Garden White. *Harris.*

Cet infecte eft très commun et dévafte nos jardins : les chenilles font très nombreufes et très voraces : elles mangent prefque en entier les choux communs et les choux-fleurs depuis le mois de Juin jufqu'au mois d'Octobre. On voit pour la première fois voler des papillons de cette efpèce vers le milieu de Mai, et vers la fin du même mois ils dépofent leurs œufs, par pelotons, fur le deffous des feuilles de chou. Les chenilles éclofent peu de jours après ; elles vivent en fociété jufqu'à la fin de Juin, époque à laquelle elles font parvenues à leur parfait accroiffement, fig. 1. Alors elles fe répandent au dehors, et cherchent un lieu commode où elles puiffent fe fixer : fur tout il faut que la chryfalide y foit à l'abri de tout danger : quand elles en ont trouve un qui leur convient, elles s'attachent par la queue au moyen d'un tiffu, et fe paffent un fil de foie très fort qui leur entoure le corps près de la tête. Fixées et foutenues auffi folidement elles ne reftent que quelques heures fufpendues, enfuite les chryfalides fe dégagent entièrement de leur fourreau de chenille, comme on voit fig. 2. A peine quinze jours fe font-ils écoulés depuis cette transformation, que déjà le papillon fe joue dans les airs, goûtant avec tranfport les délices de fa nouvelle éxiftence. Les chenilles qui naiffent de ce papillon parviennent à la groffeur ordinaire à leur efpèce, et fe changent en chryfalides, dans le mois de Septembre ; et elles reftent dans cet état pendant l'hiver jufqu'au mois de Mai fuivant. Le mâle diffère de la femelle par la couleur et par les taches, voyez fig. 3. Quant à la figure de la femelle voyez fig. 4. On en voit le deffous fig. 5. Cet infecte, fi nuifible à nos jardins, eft aifé à découvrir : on le trouve, dans l'état de chryfalide, fous les parties faillantes des murs des jardins, ou autres clôtures, et généralement dans tous les endroits qui peuvent fervir d'abri à la chryfalide. On fait affurément une chofe plus utile en détruifant une de ces chenilles, qu'en débarraffant d'une cinquantaine d'autres, quoique répandant une mauvaife odeur, une plante fur laquelle elles s'étoient fixées.

GENUS I. BUTTERFLIES.

SEC. IV. SP. XXXI. SMALL GARDEN WHITE.

Pl. 26.

Rapæ. *Linnæus.*
Small Garden White. *Harris.*

This infect is likewife a troublefome peft to gardens. The caterpillars fecrete themfelves in the folded leaves in the centre of the cabbage or cauliflower plants, and being of a pale green colour, are not eafily diftinguifhed. There are two broods of thefe flies in the fummer: the firft appears on the wing the beginning of May, from the chryfalides that have remained through the winter; and the fecond is on the wing in July. The caterpillars from thefe are at their full growth, as at fig. 1, the end of September. They then feek a fhelter againft walls, pales, or fuch places; fix themfelves with a band round the middle, and by the tail, in order to their metamorphofis; and in a day's time the chryfalis is perfect, as at fig. 2. In this ftate they remain all the winter, till the middle of May, when the butterfly comes forth. It is worthy of notice, that the butterflies bred in fummer are but fourteen days in chryfalis, and that the later bred caterpillars lie many months in that ftate, namely, from September till May. The male differs from the female in the fpots on the wings, and is of a purer white colour: fee fig. 3. The female is reprefented at fig. 4; and the under parts are feen at fig. 5.

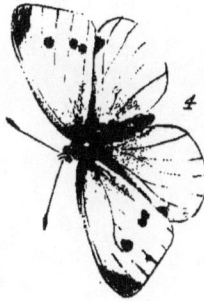

(59)

GENRE I. PAPILLONS.

SEC. IV. ESP. XXXI. LE PETIT BLANC DES JARDINS.

Pl. 26.

Rapæ. *Linnæus.*
Small Garden White. *Harris.*

Cet insecte est pareillement incommode, et ne fait pas moins de ravages dans nos jardins. Les chenilles se renferment dans des feuilles qu'elles ont pliées, et vont même se loger jusque dans le cœur des choux communs ou des choux-fleurs, et comme elles sont d'un verd pâle, il n'est pas aisé de les distinguer de leur aliment. Pendant l'été nous avons deux générations de ces papillons; les premiers paroissent au jour avec leurs ailes au commencement de Mai; ils proviennent des chrysalides qui sont restées sous la même forme pendant tout l'hiver. Les seconds sont ceux que nous voyons voler dans le mois de Juillet. Les chenilles provenant de ces derniers sont parvenues au terme de leur accroissement, fig. 1, à la fin de Septembre. Alors elles cherchent un abri, le long des murs, des clôtures quelconques. Là elles se lient par une ceinture qui leur embrasse le corps, et s'attachent par la queue, pour pouvoir subir en sûreté leur métamorphose : vingt-quatre heures après les chrysalides ont acquis leur dernier degré de perfection, fig. 2. Elles restent dans cet état pendant tout l'hiver, et jusqu'au milieu de Mai, temps où l'on voit le papillon, se dégager de sa dépouille de chrysalide. Une chose digne de remarque, c'est que les papillons nés en été ne sont restés que quinze jours sous l'enveloppe de chrysalide, et que les chenilles les dernières écloses sont restées dans cet état pendant plusieurs mois, savoir, depuis le mois de Septembre jusqu'au mois de Mai. Le mâle diffère de la femelle par des taches qu'il a sur les ailes, et en ce qu'il est d'un plus beau blanc : voyez fig. 3. La femelle est représentée fig. 4, et on en voit le dessous fig. 5.

GENUS I. BUTTERFLIES.

SEC. IV. SP. XXXII. GREEN VEINED WHITE.

Pl. 27.

Napi. *Linnæus.*
Green veined White. *Harris.*

The-caterpillars of this fly feed on cabbage, or any of the varieties of the cole plants, and are frequently to be met with in gardens. The butterflies make their first appearance the middle of May. The caterpillars from these arrive at their full size, as at fig. 1, the end of June; when they seek a place adapted for the security of the chrysalis, where they fix themselves by the tail, and round the middle, with a strong web. Thus secured, the caterpillar slips off its skin by degrees, and the chrysalis appears as at fig. 2. In fourteen days time after this change, the fly is sporting in the air. This lays its eggs, and in a few days the caterpillars are bred. These caterpillars feed till the end of September, when they change to chrysalides; in which state they remain till May following. This is a very common butterfly, but not more so than the two species last described. For the reprefentation of the male see fig. 3. The female differs in colour and marks: see fig. 4. For the under parts see fig. 5.

5

1

3

1

2

W. Lewin del.

GENRE I.   PAPILLONS.

SEC. IV.   ESP. XXXII.   LE BLANC VEINÉ DE VERD.

Pl. 27.

Napi. *Linnæus.*
Green veined White.   *Harris.*

Les chenilles de cette mouche se nourrissent des différentes espèces de choux, et on les trouve fréquemment dans les jardins.   Les papillons paroissent pour la première fois à la mi-Mai.   Les chenilles qui en proviennent ont pris leur entier accroissement, fig. 1, à la fin de Juin.   Alors elles cherchent un lieu où la chrysalide puisse être en sûrete.   Là elles se fixent par la queue, et se lient par le milieu du corps, moyennant un tissu fort et serré.   La chenille se dégage peu à peu de son fourreau, et la chrysalide paroît, fig. 2.   Quinze jours après cette transformation, on voit le papillon se jouer dans les airs.   Le papillon femelle pond ses œufs et dans peu de jours les chenilles éclosent.   Ces chenilles prennent de la nourriture jusqu'à la fin de Septembre, époque où elles se changent en chrysalides; elles restent sous cette forme jusqu'au mois de Mai suivant.   Ces papillons sont très communs; ils ne le sont pas cependant plus que les deux espèces que nous venons de décrire.   Le mâle est représenté fig. 3.   La femelle en diffère par les couleurs et les marques, fig. 4.   On en voit le dessous fig. 5.

GENUS I. BUTTERFLIES.

SEC. IV. SP. XXXIII. BATH WHITE.
Pl. 29.

Daplidice. *Linnæus.*

This is a rare butterfly in England: indeed moſt collectors of this part of natural hiſtory much doubted if it were ever taken in theſe kingdoms. It was named the Bath white, from a piece of needle work, executed at Bath, by a young lady, from a ſpecimen of this inſect, ſaid to be taken near that place. On my examining the inſects purchaſed by J. T. Swainſon, Eſq., at the ſale of the late ducheſs dowager of Portland's ſubjects in natural hiſtory, I found this inſect mixed with the female orange tip: and it then appeared to me, that ſome perſon collected this box of butterflies, and ſent them to the ducheſs; and from the great reſemblance of this to the female orange tip the difference of this rare ſpecies paſſed unnoticed. It is not a forced idea to ſuppoſe, that this inſect was collected in this kingdom by the ſame perſon, and perhaps at the ſame time, with the common fly, the orange tip.

The male is repreſented flying at fig. 1; the female at fig. 2; and the under parts at fig. 3.

SP. XXXIV. WOOD WHITE.

Sincapis. *Linnæus.*
Wood White. *Harris.*

The caterpillar of this ſpecies is not yet diſcovered. There are two broods of the butterflies in the ſummer: the firſt is on the wing in May, and the ſecond in Auguſt. They fly near the ground, in woods, and may be eaſily taken, but are not very plentiful. The male is repreſented at fig. 4, and the under ſide at fig. 5. The female differs but little, except in ſize, being larger.

W. Lewin del. et Sculp. Publish'd as the Act directs Nov.ʳ 7, 1794

GENRE I. PAPILLONS.

SEC. IV. ESP. XXXIII. LE BLANC DE BATH.
Pl. 29.

Daplidice. *Linnæus.*

Le papillon de cette efpèce eft rare en Angleterre, et il eft vrai de dire, que la plupart de ceux, qui ont fait des collections relatives à cette branche de l'hiftoire naturelle, ont beaucoup douté qu'il ait jamais été trouvé dans ces royaumes. On l'a nommé le blanc de Bath; il doit ce nom à un petit ouvrage à l'aiguille, fait à Bath par une jeune demoifelle, qui avoit pris pour modèle un individu de cette efpèce, qu'on difoit avoir été trouvé près de la ville. Lorfque j'éxaminai les infectes achetés par Mr. J. T. Swainfon à la vente du cabinet d'hiftoire naturelle de feu la duchefse douairière de Portland, je trouvai cet infecte avec la femelle du bout de l'aile orangé; et alors je jugeai que quelqu'un avoit raffemblé des papillons dans cette boîte, qu'il avoit enfuite envoyée à la duchefse, et que la grande reffemblance de ce papillon avec la femelle du bout de l'aile orangé, avoit empêché de diftinguer cette rare efpèce. Il eft affez naturel de fuppofer, que cet infecte avoit été recueilli par la même perfonne, et peut-être dans le même temps que la mouche commune appellée le bout de l'aile orangé.

Le mâle eft repréfenté volant fig. 1; et la femelle fig. 2; on en voit le deffous fig. 3.

ESP. XXXIV. LE BLANC DES BOIS.

Sincapis. *Linnæus.*
Wood White. *Harris.*

On n'a pas encore découvert la chenille de cette efpèce. Il fe fait chaque année, dans l'été, deux générations des papillons. Les premiers paroiffent au jour avec leurs ailes dans le mois de Mai, et les plus tardifs dans le mois d'Août. Ils volent à fleur de terre, on les trouve dans les bois et on les faifit aifément; mais ils ne font pas très nombreux. La mâle eft repréfenté fig. 4; on en voit le deffous, fig. 5. Il y a peu de différence entre les deux fexes; feulement la femelle eft plus groffe.

GENUS I. BUTTERFLIES.

SEC. IV. SP. XXXV. ORANGE TIP.

Pl. 30.

Cardamines. *Linnæus.*
Wood Lady. *Harris.*

I have bred thefe elegant little butterflies from caterpillars taken off the green cole plants in my garden.   They fed freely on the leaves of the cole when in confinement, and were at their full growth in July: fee fig. 1.   They pre-pared themfelves for their metamorphofis by fixing the tail with a ftrong web, with the addition of a band round the middle of the body, and the chryfalides appeared in a day's time.   They were of a fingular form, as at fig. 5.   In this ftate they remained through the winter, and the flies were bred the firft week in May.

The male is fo very different from the female, that a perfon muft be well acquainted with them to fuppofe them to be the fame fpecies.   The male has bright orange coloured tips to the upper wings: fee fig. 2.   The female is reprefented flying at fig. 3 ; and the under fide at fig. 4.   Thefe butterflies are to be met with in the month of May, flying in woods, and lanes near woods ; and may be readily taken, as they fly near the ground, and frequently fettle to feed on the bloffoms of various plants.

W. Curtis del et Sculp. Publish'd as the Act directs. Nov.ʳ 7. 27.94.

GENRE I.   PAPILLONS.

SEC. IV. ESP. XXXV. LE BOUT DE L'AILE ORANGÉ.

Pl. 30.

Cardamines. *Linnæus.*
Wood Lady. *Harris.*

Ces jolis petits papillons proviennent de chenilles que j'ai élevées moi même. Je les avois trouvées fur les choux verds dans mon jardin. Elles mangèrent volontiers du chou quand elles furent renfermées, et parvinrent à leur groffeur naturelle en Juillet : voyez fig. 1. Elles fe préparèrent à leur metamorphofe en fe fufpendant par la queue, à l'aide d'une forte toile, le corps foutenu d'ailleurs par une ceinture qui en faifoit le tour ; et vingt quatre heures après les chryfalides parurent. Elles font d'une forme fingulière, fig. 5. Elles paffèrent tout l'hiver fous cette forme, et les mouches quittèrent leur enveloppe la première femaine de Mai.

Le mâle eft fi différent de la femelle, qu'une perfonne, qui les verroit pour la première fois, les prendroit pour deux efpèces diftinctes. Le mâle a les ailes fupérieures terminées d'orange clair : voyez fig. 2. La femelle eft repréfentée volant fig. 3. On la voit par deffous fig. 4. On trouve ces papillons dans le mois de Mai ; ils voltigent dans les bois et dans les chemins étroits qui les bordent ; ils eft aifé de les attraper, parce qu'ils volent bas, et s'arrêtent fouvent pour pomper le fuc des fleurs des différentes plantes.

GENUS I.   BUTTERFLIES.

SEC. V.   YELLOWS.

Caterpillars thinly covered with fine hairs: they fix themſelves by a ſilky thread round the middle, and by the tail, when about to change to chryſalis.

SP. XXXVI.   BRIMSTONE YELLOW.

Pl. 31.

Rhamni. *Linnæus.*
Brimſtone. *Harris.*

This butterfly appears on the wing in March, if the weather be mild; and the female lays her eggs in April, moſtly on the buck-thorn, or wild roſe buſh. The young caterpillars are bred in a few days afterwards, and as they increaſe in ſize they ſhift their ſkins, generally about every fourteen days. They arrive at their full growth, as at fig. 1, the middle of June; and in a few days after change to chryſalis, as at fig. 4. The flies from theſe are moſtly out on the wing the firſt week in Auguſt. The caterpillars from the eggs of this brood of flies are full fed in September, when they go through the uſual metamorphoſis; and the chryſalides are perfected. In this ſtate they remain till March following, when a warm day brings them out on the wing. The female is nearly white, and is repreſented at fig. 2. The male, of which the under ſide is ſeen at fig. 3, is of a very brilliant yellow colour. This inſect is very common in the winged ſtate, but the caterpillars are rarely met with.

W. Lewin del. et sculp. Publish'd as the Act directs, Nov.r 7.1794.

GENRE I. PAPILLONS.

SEC. V. JAUNES.

Les chenilles font couvertes de poils fins et clair-femés. Elles fe fufpendent par un fil de foie, qu'elles fe paffent autour du corps, et par la queue, quand elles font près de fe changer en chryfalides.

ESP. XXXVI. LE JAUNE DE SOUFRE.

Pl. 31.

Rhamni. *Linnæus.*
Brimſtone. *Harris.*

Si la faifon a été douce ces papillons paroiffent au jour avec leurs ailes en Mars; et en Avril la femelle dépofe fes œufs, communément fur le nerprun, ou bien fur l'églantier. Les chenilles éclofent peu de jours après; et à mefure qu'elles avancent en âge, elles changent de peau, ordinairement environ tous les quinze jours. Elles parviennent à leur entier accroiffement fig. 1, à la mi-Juin, et dans peu de jours elles fe transforment en chryfalides .fig. 4. Les mouches qui en proviennent fe dépouillent par l'ordinaire de leur fourreau la première femaine d'Août. Les chenilles, qui éclofent des œufs des papillons de cette génération, font parvenues à leur groffeur naturelle en Septembre; elles fubiffent enfuite leur métamorphofe, et la chryfalide paroît dans fon état de perfeftion. Elles reftent dans cet état jufqu'au mois de Mars fuivant, et un jour où le foleil a acquis plus de force, le papillon fort et s'envole. La femelle eft prefque blanche; elle eft repréfentée fig. 2. Le mâle, que l'on voit fig. 3, eft d'un jaune très brillant. Ces infeftes font très communs dans l'état ailé; mais on en rencontre difficilement les chenilles.

GENUS I. BUTTERFLIES.

SEC. V. SP. XXXVII. CLOUDED ORANGE.

Pl. 32.

Electra. *Linnæus.*
Clouded Yellow. *Harris.*

This beautiful fpecies of butterfly is peculiar to rich meadow lands, and not common. It is on the wing the latter end of Auguft, and the beginning of September. The caterpillars have not yet been difcovered: moft likely they feed on grafs clofe to the furface of the earth. I have met with this butterfly in many different places, but never have feen more than two or three flying at a time. It is quick in flight, and not eafily taken, except about eight or nine o'clock in the morning, when feeding on the flowers then in bloom. The male is reprefented at fig. 1; the female at fig. 2; and the under parts at fig. 3.

GENRE I. PAPILLONS.

SEC. V. ESP. XXXVII. L'ORANGÉ NÉBULEUX.

Pl. 32.

Electra. *Linnæus.*
Clouded Yellow. *Harris.*

Ce fuperbe papillon n'habite que les gras pâturages ; il n'y eft même pas commun. Il commence à voler à la fin d'Août ou au commencement de Septembre. On n'eft point encore parvenu à découvrir fa chenille ; mais vraifemblablement elle fe nourrit d'herbe, et fe tient près de la furface de la terre. J'ai trouvé des papillons de cette efpèce dans plufieurs endroits ; mais jamais je n'en ai vu plus de deux ou trois voler en même temps. Ils font vifs et on ne les faifit pas aifément, excepté environ depuis huit heures jufqu'à neuf du matin, lorfqu'ils font occupés à exprimer le miel des plantes alors en fleur. Le mâle eft repréfenté fig. 1 ; la femelle fig. 2 ; et on en voit le deffous fig. 3.

GENUS I.   BUTTERFLIES.

SEC. V.   SP. XXXVIII.   CLOUDED YELLOW.

Pl. 33.

Hayale. *Linnæus.*

This is a very rare fpecies of butterfly. In all my refearches after infeds I never met with it but in the ifle of Sheppey, and on a hilly pafture field near Ofpring in Kent. I found it in different years at both places, and it appeared to be locally attached to the fpot. It is out in the winged ftate the middle of Auguft, and is not difficult to take on the wing, as it does not ramble far, or fly fwift. The male is lefs than the female, but in colour and markings they are nearly alike. See the upper parts of the male at fig. 1, and the under parts at fig. 2.

SP. XXXIX.   PALE CLOUDED YELLOW.

This fpecies is likewife very rare. I met with a brood of thefe butterflies in a gravelly pafture field in Kent, and they were all of the fame pale yellow colour: but in every other charader they perfedly agreed with the above defcribed; and it is a doubt with me, whether this be a diftind fpecies, or only a variety in colour. This fly is likewife on the wing the middle of Auguft. Its upper parts are reprefented at fig. 3, and the under fide at fig. 4.

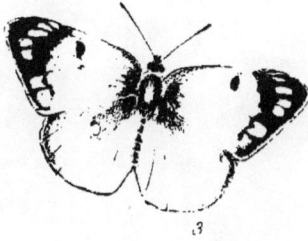

P. Lacaun. del. et sculp. P. Duménil excudit. Paris. 1832. pl. 4.

GENRE I. PAPILLONS.

SEC. V. ESP. XXXVIII. LE JAUNE NÉBULEUX.

Pl. 33.

Hayale. *Linnæus.*

Les papillons de cette efpèce font très rares : dans toutes mes recherches fur les infectes, je n'en ai trouvé aucun excepté dans l'iſle de Sheppey, et dans une prairie fur une colline, près d'Oſpring, dans le comté de Kent. Les ayant trouvés pluſieurs années dans ces deux endroits, j'ai droit d'en conclure, que cette efpèce fréquente conſtamment les lieux où elle s'eſt une fois fixée. Cet infecte quitte fon fourreau de chryſalide, et paſſe à l'état ailé, à la mi-août ; il eſt facile de le prendre au vol ; parcequ'il s'écarte peu, et que d'ailleurs il n'eſt pas très vif. Le mâle eſt plus petit que la femelle ; mais pour la couleur et les marques ils fe reſſemblent aſſez. Voyez le deſſus du mâle, fig. 1 ; et le deſſous, fig. 2.

ESP. XXXIX. LE JAUNE PÂLE NÉBULEUX.

Cette efpèce eſt pareillement très rare. J'ai rencontré, dans le comté de Kent, dans une prairie, dont le fon détoit graveleux, une famille de ces papillons. Ils étoient tous de la même couleur, d'un jaune pâle : mais quant aux autres caractères, ils étoient exactement femblables à ceux que nous venons de décrire ; et j'ai lieu de douter, ſi on doit en faire une efpèce différente, ou bien les conſidérer comme une ſimple variété. Cet infecte eſt, ainſi que le précédent, dans l'état ailé, à la mi-août ; on en voit le deſſus, fig. 3 ; et le deſſous, fig. 4.

GENUS I. BUTTERFLIES.

SEC. VI. SWALLOW-TAIL.

Caterpillars fmooth, without hairs; they fix themfelves by the tail, and with a band round the middle, as an additional fecurity to the chryfalis.

SP. XL. SWALLOW-TAIL.
Pl. 34.

Machaon. *Linnæus.*
Swallow-Tail. *Harris.*

The firft brood of this butterfly appears on the wing the middle of May. The female lays her eggs in ten or twelve days after, and in a week's time the young caterpillars come forth. In fix or feven days they fhift their firft fkin; about the end of June they change their fkin for the fifth and laft time; and in fix or feven days after this they arrive at their full growth, as at fig. 1. They then prepare for their approaching metamorphofis, by fixing themfelves with a ftrong tie round the middle, and by the tail. In a day's time the chryfalis is complete, as at fig. 2; and this fuperb butterfly comes forth in July following. The caterpillars from the eggs of this ftock are bred about the firft week in Auguft. After the ufual fhifting of their fkins, they become full fed the end of September; and change to chryfalis in a fhort time. In this ftate they remain through the winter, and the flies are produced in May following. The caterpillars of this butterfly feed moftly on the wild carrot, and fometimes on the dwarf yellow trefoil, that grows in pafture lands. The fly is exceedingly fwift in flight, and muft be watched till it fettles to feed or reft, when it may be taken without much trouble. This infect is not common, either in the caterpillar, or the more perfect ftate. The male is fmaller, but in other refpects perfectly agrees with the female, which is reprefented as flying at fig. 3, and at reft, with the wings erect, at fig. 4.

GENRE I. PAPILLONS.

SEC. VI. QUEUE D'HIRONDELLE.

Les chenilles font rafes, et dépourvues de poils; elles fe fufpendent par la queue, et, pour que la chryfalide foit plus en fûreté, elles ajoutent une feconde attache, un lien qui leur embraffe le deffus du corps.

ESP. XL. LA QUEUE D'HIRONDELLE.

Pl. 34.

Machaon. *Linnæus.*
Swallow-Tail. *Harris.*

La première génération de ces papillons paroît ailée au milieu de Mai. La femelle fait fes œufs dans l'intervalle de dix ou douze jours, et huit jours après les jeunes chenilles éclofent. 'A peine fix à fept jours fe font-ils écoulés, qu'elles fe dépouillent de leur première peau : vers la fin de Juin elles en changent pour la cinquième et dernière fois; et une femaine leur fuffit pour parvenir à leur entier accroiffement, fig. 1. Alors elles fe préparent à leur métamorphofe, qui ne peut plus être éloignée, en fe fufpendant par la queue, et par une forte ceinture qu'elles fe mettent autour du corps. Dans l'efpace de vingt-quatre heures la chryfalide eft entièrement formée, fig. 2; et dans le cours du mois de Juillet fuivant, nous voyons paroître au jour ce fuperbe papillon. Les chenilles qui proviennent de cette feconde génération de papillons naiffent vers la première femaine d'Août : après les changemens de peau ordinaires à leur efpèce, elles parviennent à leur groffeur naturelle à la fin de Septembre, et peu de temps après elles fe transforment en chryfalides. Elles paffent tout l'hiver fous cette forme, jufqu'à ce qu'au mois de Mai fuivant, les papillons quittent leur dernière dépouille. Les chenilles de ce papillon fe nourriffent communément de carottes fauvages, et quelquefois du petit trèfle jaune, qui croît dans les prés. Le papillon vole avec une extrème vivacité, et il faut, pour le faifir fans fe donner beaucoup de peine, attendre qu'il fe foit arrêté, foit pour prendre fon repas, foit pour fe repofer. Cet infecte n'eft pas commun, foit dans l'état de chenille, foit dans un état plus parfait. Le mâle eft le plus petit; mais pour tout le refte, il reffemble parfaitement à la femelle, qui eft repréfentée volant fig. 3, et en repos, les ailes droites, fig. 4.

44

GENUS I. BUTTERFLIES.

SEC. VI. SP. XLI. SCARCE SWALLOW-TAIL.
Pl. 35.

Podalirius. *Linnæus.*

This elegant species of butterfly is said to have been caught in England, and therefore I thought it not improper to give a figure of it, from a fine specimen taken by Dr. Smith in the French king's gardens near Paris, and the natural history, with the figures of the caterpillar and chrysalis, from Roesel. ‘ The caterpillar is pretty rare, and is mostly found on the borecole, to the under side of the leaves of which the female butterfly fixes her eggs, not together, but scattered here and there. The caterpillar when young appears of a pale orange colour, but as it grows, and after the usual shedding of the skins, it becomes of a brighter yellow. When the time of its undergoing its metamorphosis approaches, it eats nothing for a day or two, and empties its body of all extraneous matter, as indeed do all such caterpillars and other insects as shed their skins, and change their forms. Having sought out a place of security, which from its slow and cautious pace is no easy task, it makes itself fast, spins a web round its body, and at length the external skin of the caterpillar bursts; and this it rumples up, by moving from side to side, till it falls off, and the creature appears to view a chrysalis. The whole of this process commonly takes up a couple of minutes. The butterfly in warm weather is produced from the chrysalis in a fortnight's time : but if the caterpillar change late in the year, the butterfly will not appear till the next year. The fly appears beautiful on the wing, and does not rise very high.’

This butterfly is seen with expanded wings at fig. 3, the under parts at fig. 4, the caterpillar at fig. 1, and the chrysalis at fig. 2.

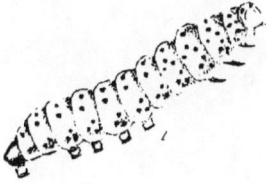

GENRE I. PAPILLONS.

SEC. VI. ESP. XLI. LA QUEUE D'HIRONDELLE RARE.
Pl. 35.

Podalirius. *Linnæus.*

On dit qu'on a trouvé en Angleterre cette jolie efpèce de papillons; et c'eft pour cela que j'ai cru devoir en donner la figure, d'après un bel individu pris par le do&teur Smith au jardin du roi à Paris, et l'hiftoire particulière avec les figures de la chenille et de la chryfalide, d'après Roefel. ' La chenille eft affez rare, et on la trouve communément fur le chou frangé. La femelle colle fes œufs contre le deffous des feuilles; ils ne font pas ferrés les uns près des autres, mais répandus confufément çà et là. La chenille, quand elle eft jeune, paroît couleur d'orange pâle; mais à mefure qu'elle groffit, et furtout après les changements de peau ordinaires, elle devient d'un jaune plus brillant. Quand le temps de fubir fa métamorphofe approche, elle paffe un ou deux jours fans prendre de nourriture; elle fe vuide; rien d'étranger ne refte dans fes inteftins, ainfi qu'il arrive aux chenilles et aux autres infectes, lorfqu'ils quittent leur peau, ou qu'ils changent de forme. Après avoir cherché et trouvé un lieu fûr et commode, opération longue et pénible pour un infecte, dont la démarche eft auffi lente que circonfpecte, elle fe fufpend, après s'être filé un lien de foie autour du corps, et finalement la peau de la chenille fe fend; des contractions et des alongemens alternatifs la pouffent fucceffivement, vers le derrière, et réduite en un petit paquet pliffé elle tombe: alors il ne refte plus qu'une chryfalide pendue dans la place où étoit la chenille. Le temps employé à cette manœuvre eft bien court; il eft à peine de deux minutes. Lorfqu'il fait chaud, au bout de quinze jours le papillon fe dépouille de fon fourreau de chryfalide; mais fi la faifon eft déjà avancée, lorfquela chenille fe transforme, le papillon ne paroît que l'année fuivante. Ce papillon eft fuperbe; pour le voir dans toute fa beauté, il faut le confidérer quand il a pris l'effor; il eft fort aifé de le fuivre des yeux, parcequ'il ne s'élève pas fort haut.'

On voit le papillon, les ailes étendues, fig. 3: il eft vu par deffous, fig. 4: la chenille eft repréfentée, fig. 1; et la chryfalide, fig. 2.

---

(76)

GENUS I. BUTTERFLIES.

SEC. VII. BLUES.

Caterpillars not perfectly known.

SP. XLII. CHALKHILL BLUE.
Pl. 36.

Corydon. *Linnæus.*
Chalkhill Blue. *Harris.*

This butterfly is on the wing the middle of July: but with the caterpillar we are not in the least acquainted. I should suppose it to feed on grass, close to the surface of the earth; and from the size of the fly there is no doubt but that it is small, and most probably of a green colour, which makes it difficult to distinguish from its food. The fly is not common: it frequents chalky hills, and dry pasture lands, in different parts of England. The male fly is represented at fig. 1: the female, which is very different in colour, at fig. 2: and the under side of the male at fig. 3.

SP. XLIII. WOOD BLUE.

Argiolus. *Linnæus.*
Azure Blue. *Harris.*

The caterpillars of this species we are likewise unacquainted with. There are two broods of the butterflies in the summer: the first is out on the wing the first week in May; the latter, the first week in July. They are inhabitants of our wood lands, but are far from numerous. Flying slowly up and down the avenues of the woods, they may be easily taken with the fly nets. For the upper parts of the male see fig. 4. The female is represented at fig. 5: and the under parts at fig. 6.

GENRE I. PAPILLONS.

SEC. VII. BLEUS.

Les chenilles ne font pas parfaitement connues.

ESP. XLII. LE BLEU MONTAGNE DE CRAIE.
Pl. 36.

Corydon. *Linnæus.*
Chalkhill Blue. *Harris.*

On voit au milieu de Juillet voler ce papillon. Quant à la chenille, nous ne la connoiſſons nullement. Je croirois volontiers, qu'elle ſe nourrit d'herbe, et qu'elle ſe tient tout auprès de la ſurface de la terre. 'A juger de la chenille par le papillon, elle eſt petite, et vraiſemblablement de couleur verte; ce qui fait qu'il n'eſt pas aiſé de la diſtinguer de ſon aliment. Le papillon n'eſt pas commun: il fréquente les montagnes de craie, et les prairies sèches, dans les différentes parties de l'Angleterre. Le papillon mâle eſt repréſenté fig. 1: et le papillon femelle, qui en diffère beaucoup par la couleur, fig. 2: on voit le mâle par deſſous, fig. 3.

ESP. XLIII. LE BLEU DES BOIS.

Argiolus. *Linnæus.*
Azure Blue. *Harris.*

Nous ne connoiſſons pas mieux les chenilles de cette eſpèce. Il y a deux générations de ces papillons chaque année dans l'été: la première nous donne les papillons, que nous voyons voler au commencement de Mai; ceux de la ſeconde paroiſſent la première ſemaine de Juillet. Ces papillons fréquentent chez nous les endroits couverts de bois; mais il s'en faut bien qu'ils y ſoient en grand nombre. Comme ils volent lentement, et qu'ils montent et deſcendent alternativement le long des avenues dans les bois, on les prend facilement avec des filets. Voyez le deſſus du mâle, fig. 4: la femelle eſt repréſentée, fig. 5: on en voit le deſſous, fig. 6.

GENUS I. BUTTERFLIES.

SEC. VII. SP. XLIV. LARGE BLUE.

Pl. 37.

Arion. *Linnæus.*

This fpecies of butterfly is but rarely met with in England. It is out on the wing the middle of July, on high chalky lands in different parts of this kingdom, having been taken on Dover cliffs, Marlborough downs, the hills near Bath, and near Clifden in Buckinghamfhire. The male fly is reprefented at fig. 1: the female, at fig. 2: and the under fide, at fig. 3.

SP. XLV. GLOSSY BLUE.

Hyacinthus.

I met with this new fpecies of butterfly in the middle of July, flying on the fide of a chalk hill near Dartford in Kent; and have no doubt but there was a conftant brood at this place, as I found them there for two fucceffive years on the wing, in the middle of the fame month. The male is figured, with the wings expanded, at fig 4: the female, at fig. 5: and the under parts, at fig. 6.

W. L. *** del. et sculp.ᵗ Published as the Act directs Novᵗ 7, 1794.

GENRE I.   PAPILLONS.

SEC. II.   ESP. XLIV.   LE GRAND BLEU.

Pl. 37.

Arion.   *Linnæus.*

Il eſt rare, qu'on trouve le papillon de cette eſpèce en Angleterre. 'A la mi-Juillet il ſe dégage de ſon ſourreau de chryſalide, et on le voit voler en différents endroits du royaume, ſe fixant de préférence ſur des hauteurs dont le fond eſt de craie. Auſſi fréquente-t-il les rochers de Douvres, les dunes de Marlborough, les collines près de Bath, et près de Clifden dans le comté de Buckingham. Le mâle eſt repréſenté, fig. 1 : et la femelle, fig. 2 : on en voit le deſſous, fig. 3.

ESP. XLV.   LE BLEU ÉCLATANT.

Hyacinthus.

J'ai trouvé des papillons de cette nouvelle eſpèce à la mi-Juillet. Je les vis voler ſur le penchant d'une colline, dont le fond étoit de craie, près de Dartford, dans le comté de Kent. Je ne doute pas, qu'ils ne multiplient conſtamment tous les ans dans le même lieu, les y ayant trouvés deux années de ſuite, dans le même temps. Le mâle eſt repréſenté les ailes étendues, fig. 4 : et la femelle, fig. 5 : on en voit le deſſous, fig. 6.

GENUS I. BUTTERFLIES.

SEC. VII. SP. XLVI. CLIFDEN BLUE.
Pl. 38.

Adonis. *Linnæus.*
Clifden Blue. *Harris.*

This moſt beautiful ſpecies of butterfly was firſt obſerved and caught at Clifden in Buckinghamſhire, and for that reaſon has always retained the name of Clifden blue : how- ever it is pretty common in various parts of England, and is to be taken on chalky paſ- tures. The flies are on the wing the middle of June ; and as they do not fly far from the place where they are bred, and frequently ſettle on the ground, they may be eaſily taken in this, the perfect ſtate. The caterpillar is not at preſent known. For the male, ſee fig. 1 : the female, fig. 2 : and the under ſide, fig. 3.

SP. XLVII. DARK BLUE.
Cimon. *Linnæus.*

This is a very rare butterfly with us, and therefore it will be readily ſuppoſed our know- ledge of its natural hiſtory is very confined. The caterpillar is unknown. The laſt week in Auguſt, 1793, I took two or three of the butterflies, flying in a paſture field at the bottom of a hill near Bath. They were much waſted in colour, and appeared to have been long on the wing ; whence we may ſafely conclude, that they were firſt out from the chryſalides about the middle of July. The upper ſide is repreſented at fig. 7 : the under ſide at fig. 6.

SP. XLVIII. COMMON BLUE.
Icarus. *Linnæus.*
Common Blue. *Harris.*

The middle of May I found a caterpillar of this butterfly travelling along pretty quick on the top of the graſs in a field : but as it was ſmall, I did not ſuſpect it to be at the full growth, and neglected to figure it in time. Two days afterwards it changed to chryſalis, ſuſpending itſelf to the top of the cage by the tail, and the fly from it was produced the firſt week in June. The caterpillar was ſhort and thick in its make, and of a pale green colour. There are at leaſt two broods of theſe butterflies annually ; or rather a conſtant ſucceſſion of them from June to September. They are very common, and are to be ſeen in almoſt every ſituation. The male is delineated at fig. 4 : the female at fig. 5 : the under ſide at fig. 8.

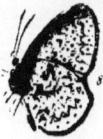

GENRE I.   PAPILLONS.

SEC. VII.   ESP. XLVI.   LE BLEU DE CLIFDEN.
Pl. 38.

Adonis. *Linnæus.*
Clifden Blue.   *Harris.*

Le papillon de cette efpèce eſt d'une beauté admirable ; on le vit, et on le prit, pour la première fois, à Clifden, dans le comté de Buckingham ; c'eſt pour cela qu'il a toujours depuis porté le nom de bleu de Clifden. Il eſt pourtant affez commun, et on le trouve dans les différentes parties de l'Angleterre, où il fréquente les prairies, dont le fonds eſt de craie. Cet infeſte paroit ailé à la mi-Juin ; et comme il ne perd jamais de vue ſon berceau, et que d'ailleurs il ſe repoſe fréquemment par terre, on peut aiſément ſe procurer des individus en très bon état. La chenille a été juſqu'ici inconnue. Le mâle eſt repréſenté, fig. 1 ; et la femelle, fig. 2 : on en voit le deſſous, fig. 3.

ESP. XLVII.   LE BLEU OBSCUR.

Cimon.   *Linnæus.*

Ce papillon eſt très rare parmi nous ; ainſi on ne ſera pas ſurpris, que nos connoiſſances relatives à l'hiſtoire particulière de cet infeſte foient peu étendues. La chenille n'eſt pas connue. En 1793, la dernière ſemaine d'Août, je pris deux ou trois papillons de cette efpèce, comme ils voloient dans une prairie, au bas d'une colline, près de Bath. Leurs couleurs etoient ſi altérées, ſi ternies, que je jugeai qu'ils étoient déjà vieux ; et je crus pouvoir en conclure avec quelque fondement, qu'ils avoient quitté leur dépouille de chryſalide vers la mi-Juillet. Le deſſus ſe voit, fig. 7 ; et le deſſous, fig. 6.

ESP. XLVIII.   LE BLEU COMMUN.

Icarus. *Linnæus.*
Common Blue. *Harris.*

Je trouvai à la mi-Juin, dans un champ, une chenille de ce papillon, qui marchoit affez vîte ; elle fut en effet peu de temps à parvenir au haut de la tige de l'herbe ſur laquelle elle étoit. La voyant ſi petite, je ne ſoupçonnai pas, qu'elle eut pris ſon entier accroiſſement ; et je négligeai de la figurer ſur le champ. Deux jours après, elle ſe changea en chryſalide, après s'être ſuſpendue par la queue au haut du pondrier ; et le papillon qu'elle donna parut au jour la première ſemaine de Juin. La chenille étoit petite, mais groſſe par rapport à ſa longueur, et d'un verd pâle. Il y a trois générations de ces papillons chaque année ; ou, pour mieux dire, il y en a une ſucceſſion conſtante, depuis le mois de Juin juſqu'en Septembre. Ils ſont très communs et on les rencontre preſque partout. Le mâle eſt repréſenté, fig. 4 ; et la femelle, fig. 5 : on en voit le deſſous, fig. 8.

GENUS I. BUTTERFLIES.

SEC. VI. SP. XLIX. SILVER-STUDDED BLUE.
Pl. 39.

Argus. *Linnæus.*
Silver-ftudded Blue. *Harris.*

This pretty little butterfly is very common. It is out on the wing the fecond week in June, and flies moftly in low rufhy meadows. The caterpillar is totally unknown to us. On the under fide of the under wing, near the edge, is a row of fmall fpots, fhining like po-lifhed filver: from thefe filvery fpots it is named the filver-ftudded blue. The male is reprefented flying at fig. 5: the female, at fig. 6: and the under fide of the male, at fig. 7.

SP. L. SMALL BLUE.
Alfus. *Linnæus.*

This very fmall butterfly paffed unnoticed a number of years. Its flight is quick, and being fo very minute, it is loft to the fight in a moment. It is far from uncommon, as I have taken it in various places flying the firft week in June. It frequents the fides of hedges on a chalky foil. The caterpillar is not likely to be feen, as it muft be very fmall; and we may fafely fuppofe, that it feeds on grafs. The male and female differ only in fize. The male is figured at fig. 3: and the under parts at fig. 4.

SP. LI. BROWN BLUE.
Idas. *Linnæus.*

This is a common butterfly with us, and to be taken in almoft every dry pafture field, or in the open parts of woods, flying, the firft week in June, when it firft makes its ap-pearance. There is likewife a latter brood of this fpecies, in Auguft. The male is feen at fig. 1; and the under parts at fig. 2.

SP. LII. BROWN WHITE SPOT.
Artaxerxes.

This new fpecies of butterfly was taken in Scotland, and is now in the collection of Mr. William Jones of Chelfea. The upper fide is reprefented at fig. 8; and the under parts at fig. 9.

GENRE I. PAPILLONS.

SEC. VII. ESP. XLIX. LE BLEU AUX TACHES D'ARGENT.
Pl. 39.

Argus. *Linnæus.*
Silver-ſtudded Blue. *Harris.*

Ce joli petit papillon a quitté ſon fourreau de chryſalide, et paroît ailé, vers la ſeconde ſemaine de Juin : on l'apperçoit communément voler dans des prairies ſituées dans un fonds où il croît du jonc. La chenille nous eſt abſolument inconnue. Si l'on conſidère le deſſous de l'aile inférieure du papillon, on y remarque, près du bord, un rang de petites taches, qui ont le brillant et l'éclat de l'argent poli ; c'eſt pour cela, qu'il eſt appellé le bleu aux taches d'argent. Le mâle eſt repréſenté volant, fig. 5 ; et la femelle, fig. 6 : on voit le mâle par deſſous, fig. 7.

ESP. L. LE PETIT BLEU.
Alſus. *Linnæus.*

Le papillon de cette eſpèce, qui eſt très petit, a été longtemps inconnu. Il vole avec viteſſe ; et comme d'ailleurs il préſente très peu de ſurface, à peine a-t-il pris l'eſſor qu'auſſitôt il ſe dérobe à la vue. Il s'en faut bien qu'il ſoit rare ; car je l'ai trouvé dans pluſieurs endroits la première ſemaine de Juin. On le voit à cette époque voltiger le long des haies, dans un ſol où la craie domine. On peut juger de la groſſeur de la chenille par celle du papillon ; ſa petiteſſe la rend imperceptible ; je ſuis fondé à croire, que l'herbe eſt ſon aliment. Le mâle et la femelle ne différent que par la grandeur. Le mâle eſt repréſenté, fig. 3 : on en voit le deſſous, fig. 4.

ESP. LI. LE BLEU BRUN.
Idas. *Linnæus.*

Ce papillon eſt fort commun dans ce pays : on le rencontre dans preſque toutes les prairies, pour peu que le terrain ſoit ſec ; ou dans les bois, par tout où il y a des clairières. Il eſt en état de voler au commencement de Juin. C'eſt à cette époque, qu'on voit la première génération de ce papillon. Cet inſecte ſe reproduit encore une fois chaque année. Cette génération tardive paroît au mois d'Août. Le deſſus du mâle eſt repréſenté, fig. 1 : et le deſſous, fig. 2.

ESP. LII. LA TACHE BLANCHE TIRANT SUR LE BRUN.
Artaxerxes.

Cette eſpèce de papillon, nouvellement découverte, nous vient d'Ecoſſe. On la trouve dans la collection de Mr. William Jones, de Chelſea. Le deſſus eſt repréſenté, fig. 8 : et le deſſous, fig. 9.

GENUS I.   BUTTERFLIES.

SEC. VIII.   COPPERS.

Larva unknown.

SP. LIII.   LARGE COPPER.

Pl. 40.

Hippothoe. *Linnæus.*

Some butterflies of this very rare species were met with by a gentleman in Huntingdonshire, on a moorish piece of land, and were afterwards sent to Mr. Seymour, of Dorsetshire, who presented them to the late Duchess Dowager of Portland.   They are now in the collection of J. J. Swainson, Esq.   The male is represented at fig. 1 ; the female at fig. 2 ; and the under parts at fig. 3.

GENRE. I. PAPILLONS.

SEC. VIII. COULEUR DE CUIVRE.

Les larves, ou chenilles, font inconnues.

ESP. LIII. LE GRAND COULEUR DE CUIVRE.

Pl. 40.

Hippothoe. *Linnæus.*

Un particulier du comté de Huntingdon trouva quelques papillons de cette efpèce, qui eft très rare, dans un terrain marécageux : ils furent enfuite envoyés à M. Seymour, dans le comté de Dorfet, qui les préfenta à feu la ducheffe douairiere de Portland. Ils font maintenant dans la collection de M. J. J. Swainfon. Le mâle eft repréfenté, fig. 1 ; et la femelle, fig. 2 : on en voit le deffous, fig. 3.

GENUS. I. BUTTERFLIES.

SEC. VIII. SP. LIV. SCARCE COPPER.

Pl. 41.

Virgaureæ. *Linnæus.*

The natural hiſtory of this beautiful ſpecies of butterflies is likewiſe but little known. I have been informed, that a collector of inſects uſed to take this fly, and ſupply the different collections in London with it, but would not give the leaſt account of its manners, or of the place where he found it. In the month of Auguſt I once met with two of theſe butterflies ſettled on a bank in the marſhes, the ſun at that time ſhining very hot on them : they were exceedingly ſhy, and would not ſuffer me to approach them. The upper ſide of this fly is diſplayed at fig. 1, and the under parts at fig. 2.

SP. LV. SMALL COPPER.

Phlæas. *Linnæus.*
Copper. *Harris.*

This ſmall butterfly is to be ſeen flying the latter end of April, the produce of thoſe chryſalides that have ſurvived the ſeverity of the winter. The latter end of June there is a freſh ſtock of theſe flies out on the wing; and the latter end of Auguſt we have another brood flying. The caterpillars we are not acquainted with. The inſects of this ſection are called copper, from their reſemblance in colour to that metal when highly poliſhed.

This is a common fly, and to be met with in almoſt every place where graſs grows. The male is repreſented at fig. 3, and with the wings erect, ſhewing the under parts, at fig. 4.

GENRE I. PAPILLONS.

SEC. VIII. ESP. LIV. LE RARE COULEUR DE CUIVRE.

Pl. 41.

Virgaureæ. *Linnæus.*

L'hiſtoire particulière de cette ſuperbe eſpèce de papillons, ne nous eſt auſſi qu'imparfaitement connue. Un curieux, qui ramaſſe des inſectes, a trouvé le lieu que fréquente celui-ci dans l'état ailé : c'eſt même lui, qui en a pourvu les différents cabinets d'hiſtoire naturelle, qui ſont dans la capitale : mais en procurant les papillons, il n'a voulu rendre aucun compte de leur manière de vivre, ni indiquer l'endroit où il les avoit pris. Au mois d'Août, j'ai une fois trouvé deux papillons de cette eſpèce : ils étoient poſés ſur une petite éminence, dans un lieu marécageux, occupés à recevoir la bénigne influence du ſoleil, qui ce jour là étoit fort chaud. Comme ils étoient extrêmement farouches, je n'ai pu les voir de près. On voit le deſſus du papillon dans toute ſon étendue, fig. 1 ; et le deſſous, fig. 2.

ESP. LV. LE PETIT COULEUR DE CUIVRE.

Phlæas. *Linnæus.*
Copper. *Harris.*

On voit voler ce petit papillon à la fin d'Avril. Il provient des chryſalides qui ont réſiſté à la rigueur de l'hiver. 'A la fin de Juin une nouvelle génération quitte ſa dernière dépouille et prend l'eſſor: une autre plus tardive n'eſt en état de faire uſage de ſes ailes, qu'à la fin d'Août. On donne aux papillons de cette ſection le nom de couleur de cuivre à cauſe de la reſſemblance qu'ils ont avec ce métal, à qui on a donné le dernier poli.

Ce papillon eſt commun; on le rencontre preſque partout où il croît de l'herbe. Le mâle eſt repréſenté, fig. 3; et fig. 4, on le voit par deſſous, les ailes redreſſées.

GENUS. I. BUTTERFLIES.

SEC. IX. HAIR STREAK.

Caterpillars shaped like millepedes, or woodlice: they fix themselves by the tail, and a band round the middle, when ready to change to chrysalis.

SP. LVI. BROWN HAIR STREAK.

Pl. 42.

Betulæ. *Linnæus.*
Brown Hair-ftreak. *Harris.*

The caterpillar of this butterfly may be taken by beating the black thorn bushes, that grow in old hedgerows, into a sheet, or cloth, spread under the bush to receive them. The best time to beat for these caterpillars is the latter end of May, when they are nearly at their full growth. These caterpillars are very singular in their form, and at first sight appear like woodlice, lying flat on a leaf or twig, without the least sign of feet; and when they travel, their motion is more like that of a slug than that of a caterpillar. They arrive at their full growth, as at fig. 1, the first week in June; and prepare for their metamorphosis by fixing themselves to a slender branch, or twig, of the bush they are on, with a web round the middle, and by the tail. In a short time afterwards the chrysalis is perfect, as at fig. 2. The middle of August afterwards the male butterfly comes forth, and appears on the wing, as at fig. 3. The female is nearly fourteen days longer before it comes from the chrysalis, see fig. 4; and for the under parts fig. 5. This insect is very far from common; but the fly may be taken on the tops of hedges, and particularly on the maple tree, on which it delights to settle.

The butterflies of this section are named hair-streaks from the fine line of white crossing the wings on the under side.

GENRE I. PAPILLONS.

SEC. IX. RAIE CAPILLAIRE.

Les chenilles, quant à la forme, reſſemblent aux cloportes : prêtes à ſe tranſ-
former en chryſalides, elles ſe ſuſpendent par la queue, et par une ceinture
qu'elles ſe paſſent autour du corps.

ESP. LVI. LA RAIE CAPILLAIRE BRUNE.

Pl. 42.

Betulæ. *Linnæus.*
Brown Hair-ſtreak. *Harris.*

Pour ſe procurer des chenilles de ce papillon, il faut, tout ſimplement, chercher
un de ces buiſſons d'épine noire, qui ſe trouvent dans les vieilles haies, et en
ſecouer fortement les branches ; les chenilles ne manqueront pas de tomber ſur
la nappe, ou ſur le drap, qu'on aura eu l'attention d'étendre au pied du buiſſon.
Le meilleur temps pour faire cette eſpèce de chaſſe, c'eſt la fin de Mai,
parce qu'alors elles ſont près de leur terme d'accroiſſement. Les chenilles de cette
eſpèce ſont d'une forme très ſingulière ; et, au premier coup d'œil, on les prendroit
pour des cloportes, parce qu'elles s'appliquent ſi éxactement contre les tiges ou les
feuilles, qu'elles ſemblent n'avoir point de jambes : leur démarche eſt plutôt
celle d'un limas que d'une chenille. Elles ſont parvenues à leur groſſeur naturelle,
fig. 1, au commencement de Juin ; alors elles ſe préparent à leur métamorphoſe
en ſe fixant par le bout de la queue, et avec un lien autour du corps, contre une
jeune ou une foible branche du buiſſon où elles ſe trouvent. Peu de temps
après, la chryſalide, fig. 2, quitte la forme de chenille ; et à la mi-Août le papillon ſort, développe ſes ailes et s'envole, fig. 3. La femelle reſte environ quinze
jours de plus ſous le fourreau de chryſalide : on la voit par deſſus fig. 4, et par
deſſous fig. 5. Il s'en faut bien que cet inſecte ſoit commun ; cependant on en
peut ſaiſir le papillon ſur les haies à l'éxtrémité des branches ; l'érable paroît
avoir beaucoup d'attrait pour lui ; auſſi ſe repoſe-t-il de préférence ſur cet arbre.

Les papillons de cette ſection portent le nom de raie capillaire par rapport à
une raie étroite, de couleur blanche, qui traverſe les ailes en deſſous.

GENUS. I. BUTTERFLIES.

SEC. IX. SP. LVII. PURPLE HAIR-STREAK.
Pl. 43.

Quercus. *Linnæus.*
Purple Hair-ftreak. *Harris.*

The caterpillars of this butterfly may be taken in plenty by beating the boughs of the oak trees, the latter end of May, when they are full fed, and appear as at fig. 1. They prepare for their change to chryfalis by faftening themfelves round the middle, and by the tail, with a flender web, againft the fmall branches, or twigs, of the tree. In a few hours afterwards the chryfalis appears, as at fig. 2. In this ftate they lie till the end of June, or the begin-ning of July, when this brilliant butterfly comes forth, and may be taken off the bramble bloffoms, on which it feeds, and frequently fettles. The male fly is feen as flying at fig. 3: the female at fig. 4; and with the wings erect, fhew-ing the under parts, at fig. 5.

GENRE. I. PAPILLONS.

SEC. IX. ESP. LVII. LA RAIE CAPILLAIRE POURPRÉE.

Pl. 43.

Quercus. *Linnæus.*
Purple Hair-ftreak. *Harris.*

On peut fe procurer une grande quantité de chenilles de cette efpèce en fe-couant les branches des chênes dans les derniers jours de Mai ; on les prend alors dans le temps le plus convenable, parcequ'elles font parvenues à leur par-fait accroiffement, et qu'elles font près de fe transformer en chryfalides. Pour fe préparer à cette importante opération, et pour que les chryfalides ne courent aucun rifque, elles ne fe contentent pas de s'attacher par la queue contre une branche d'arbre affez mince, elles y ajoutent une ceinture étroite, qui cependant les foutient bien. Au bout de quelques heures les chryfalides paroiffent fig. 2. Elles reftent fous cette même forme jufqu'à la fin de Juin, ou jufqu'au com-mencement de Juillet. C'eft vers ce temps que l'on voit naître les papillons parés des plus brillantes couleurs. On les faifit communément fur les fleurs de ronce dont ils experiment le fuc, et fur lefquelles ils vont fouvent fe pofer. On voit le mâle volant fig. 3, et la femelle fig. 4 ; et on en voit le deffous, les ailes redreffées, fig. 5.

GENUS. I. BUTTERFLIES.

SEC. IX.   SP. LVIII.   DARK HAIR-STREAK.
Pl. 44.

Pruni. *Linnæus.*
Dark Hair-ftreak. *Harris.*

This butterfly is not common. It is firft out on the wing about the middle of July, and is then fometimes to be feen flying about the bramble bloffoms, and frequently fettling on them to feed, when it may eafily be taken. The caterpillar is unknown. The male and female flies are nearly alike in colour, markings, and fize. The male is delineated fhewing the upper fide of its wings at fig. 1; and the under parts, at fig. 2.

SP. LIX.   GREEN HAIR-STREAK.

Rubi. *Linnæus.*
Bramble green Fly. *Harris.*

The caterpillars of this fmall fly feed on the bud and bloffoms of the bramble, and when young artfully conceal themfelves in the bud. It is not a common infect, and the caterpillars are but feldom met with. Thefe are at their full growth the beginning of July, when they appear as at fig. 3. They then retire to a convenient place for the fecurity of the chryfalis, and faften themfelves with a flender thread round the middle, and by the tail. Thus fecured they change to chryfalis, as at fig. 4. In this ftate they remain till the firft week in May following, when the butterflies come out on the wing, and are to be taken on the bramble bufhes, on which they delight to fettle. The male and female flies are much alike: the upper fide, with the wings expanded, is reprefented at fig. 5; and the under parts at fig. 6.

GENRE. I. PAPILLONS.

SEC. IX. ESP. LVIII. LA RAIE CAPILLAIRE FONCÉE.
Pl. 44.
Pruni. *Linnæus.*
Dark Hair-ſtreak. *Harris.*

Ce papillon n'eſt pas commun. Il ne quitte pas ſa dépouille de chryſalide avant la mi-Juillet; on le voit alors quelquefois voler autour des fleurs de ronces, et ſouvent même ſe poſer deſſus pour en exprimer le ſuc; c'eſt là le moment de le ſurprendre. La chenille eſt inconnue. Il n'y a qu'une très legère différence entre le papillon mâle et le papillon femelle par rapport à la couleur, aux marques et à la grandeur. On voit le mâle préſentant le deſſus de ſes ailes fig. 1, et le deſſous fig. 2.

ESP. LIX. LA RAIE CAPILLAIRE VERTE.
Rubi. *Linnæus.*
Bramble-green Fly. *Harris.*

Les chenilles de ce petit papillon ſe nourriſſent des boutons et des fleurs de ronce, et, quand elles ſont petites, elles ſe cachent avec une adreſſe merveilleuſe dans l'interieur des boutons. Cet inſecte n'eſt pas commun, et on n'en trouve que rarement la chenille. Au commencement de Juillet, celle-ci eſt parvenue au terme de ſon accroiſſement, fig. 3. Alors elle ſe retire dans un lieu ſûr et commode, ſe ſuſpend par la queue, et ſe paſſe un lien de ſoie aſſez menu autour du corps. Ayant ainſi pourvu à la ſûrete de la chryſalide plus encore qu'à la ſienne, la chenille ſubit ſa métamorphoſe. Elle reſte ſons cette nouvelle forme, fig. 4, juſqu'à la première ſemaine de Mai, temps où le papillon ſe dégage de ſa dernière enveloppe. On trouve ce dernier ſur les buiſſons de ronce, et on le ſaiſit aiſément, parcequ'il paroît aimer à s'y repoſer. Le mâle et la femelle ſe reſſemblent beaucoup. On les voit par deſſus, les ailes étendues fig. 5, et par deſſous, fig. 6.

GENUS I. BUTTERFLIES.

SEC. X. SKIPPERS.

Caterpillars covered with a fine downy hair : head large, and projecting : they enclose themselves in a fine silky web, in order to change to chrysalis.

SP. LX. AUGUST SKIPPER.

Pl. 45.

Comma. *Linnæus.*
Pearl Skipper. *Harris.*

This butterfly is said to be out on the wing in August, and to have been taken on the swampy ground on Hanwell heath, near Ealing, in Middlesex. The specimens of this fly that I have seen lead me to think, that it is not a distinct species, but merely a variety of the large skipper, represented at fig. 1, 2, and 3, of pl. 46. The upper side, with the wings expanded, is displayed at fig. 1 ; and the under parts, at fig. 2.

SP. LXI. DINGY SKIPPER.

Tages. *Linnæus.*
Dingy Skipper. *Harris.*

This species of butterfly is to be seen flying the beginning of May, in the dry open parts of woods, and the sides of roads and lanes. It delights to settle on the ground to sun itself. The caterpillar is not known. In the male and female flies there is little or no difference, either in colour or markings. The upper part is delineated at fig. 3 ; and the under side, at fig. 4.

SP. LXII. SMALL SKIPPER.

Thaumas. *Linnæus.*
Small Skipper. *Harris.*

This minute fly is met with on heaths, commons, and lanes, in most parts of England. It is first out on the wing the beginning of July, and may be readily taken ; as it flies but little, and frequently settles, and skips from leaf to leaf on low bushes, rather than take wing, when disturbed. The caterpillar of this species is likewise unknown. The male fly is represented at fig. 5 ; the female, at fig. 6 ; and the under parts, at fig. 7.

GENRE. I.   PAPILLONS.

SEC. X.   SAUTEURS.

Les chenilles font couvertes d'un poil fin ou d'une efpèce de duvet : elles ont la tête large et faillante : pour fe transformer en chryfalides, elles fabriquent, avec des fils de foie, un tiffu mince dont elles s'enveloppent.

ESP. LX.   LE SAUTEUR D'AOÛT.

Pl. 45.

Comma. *Linnæus.*
Pearl Skipper. *Harris.*

On dit que ce papillon paroît au jour avec fes ailes au mois d'Août, et qu'on l'a pris dans un terroir marécageux fur les bruyères de Hanwell, près d'Ealing, dans le comté de Middlefex. Je l'ai examiné avec foin, et fi j'en juge, d'après les individus que j'ai eus fous les yeux, il ne doit point être regardé comme une efpèce particulière, mais bien comme une variété du grand fauteur, qu'on peut voir fig. 1, 2, et 3, pl. 46. Le deffus du papillon, les ailes étendues, eft repréfenté, fig. 1, et le deffous, fig. 2.

ESP. LXI.   LE SAUTEUR TERNE.

Tages. *Linnæus.*
Dingy Skipper. *Harris.*

Nous voyons le papillon de cette efpèce voler au commencement de Mai, le long des bois, dans les chemins qui les avoifinent, ou dans les clairieres, fi le terrain y eft fec. Il aime à fe repofer par terre pour partager la benigne influence de l'aftre du jour. On ne connoît pas la chenille. Entre le mâle et la femelle la différence quant à la couleur et aux marques eft infiniment petite, ou plutôt nulle. Le deffus eft repréfenté fig. 3, et le deffous fig. 4.

ESP. LXII.   LE PETIT SAUTEUR.

Thaumas. *Linnæus.*
Small Skipper. *Harris.*

Ce petit papillon fe trouve prefque partout en Angleterre, dans les bruyères, dans les communes, et dans les petits chemins couverts. Il n'eft en état de voler qu'au commencement de Juillet, et on peut le faifir aifément, parcequ'il vole peu, et qu'il fe repofe fouvent. Quand on l'inquiète il ne fait pas ufage de fes ailes ; il fe contente de fauter d'une feuille à l'autre fur de petits buiffons. Nous ne connoiffons pas mieux la chenille de cette efpèce que celle de la précédente. Le papillon mâle eft reprefenté fig. 1, et le papillon femelle fig. 6 ; on en voit le deffous fig. 7.

GENUS I. BUTTERFLIES.

SEC. X. SP. LXIII. LARGE SKIPPER.
Pl. 46.

Sylvanus. *Linnæus.*
Large Skipper. *Harris.*

This is a very common butterfly. There are two broods of them in the fummer: the firft makes its appearance the middle of May, and the fecond is on the wing in Auguft. It frequents woods, heaths, and lanes. Its flight is very fhort; but when on a bufh or fhrub, it is almoft conftantly in motion, fkipping, or leaping, from leaf to leaf. From this habit, common to all the flies of this fection, it derives the appellation of fkipper. With the caterpillars of this fpecies we are not well acquainted. The male fly is fhown at fig. 1 ; the female at fig. 2 ; and the under fide, at fig. 3.

SP. LXIV. SPOTTED SKIPPER.

Malvæ. *Linnæus.*
Grizzle. *Harris.*

The caterpillars of this butterfly feed on the leaves of the bramble bufhes. They web the edges of the leaf together, and from this cover they come out a little way to feed ; but on the leaft motion of the leaf they return to their retreat, and if they be much alarmed, they drop to the ground. The end of April they are full fed, as at fig. 6 ; when they enclofe themfelves in a flight web, under cover of a leaf, and there change to chryfalis: fee fig. 7. In this ftate they remain about fourteen days, as the fly comes out on the wing the beginning of May. This butterfly is pretty common in the dry parts of woods and heaths. The upper part is delineated at fig. 8: the under fide is fhewn at fig. 9.

SP. LXV. SCARCE SPOTTED SKIPPER.

Fritillum. *Fabricius.*

This butterfly is but feldom met with in England, and our knowledge of its manners is confined to the taking a few of them on the wing. From the affinity between this and the laft defcribed, this may not be a diftinct fpecies, but merely a variety in the white markings of the wings. The upper fide of this fly is reprefented at fig. 4 ; and the under parts, with the wings clofed, as at reft, at fig. 5.

GENRE I. PAPILLONS.

SEC. X. ESP. LXIII. LE GRAND SAUTEUR.
Pl. 46.

Sylvanus. *Linnæus.*
Large Skipper. *Harris.*

Cette efpèce de papillons eft très commune : nous en voyons deux générations durant l'été : ceux de la première paroiffent à la mi-Mai ; et ceux de la feconde font en état de voler au mois d'Août. Ils fréquentent les bois, les bruyères, et les chemins étroits bordés de haies. Ils ne prennent pas un grand effor ; mais fur le buiffon ou l'arbriffeau où ils fe trouvent, ils font fans ceffe en mouvement, toujours fautillant de feuille en feuille ; et c'eft cette habitude, commune à tous les papillons de cette feétion, qui leur a fait donner le nom de fauteurs. Nous ne connoiffons pas bien la chenille de cette efpèce. Le mâle eft repréfenté fig. 1 : et la femelle fig. 2 ; on en voit le deffous fig. 3.

ESP. LXIV. LE SAUTEUR TACHETÉ.

Malvæ. *Linnæus.*
Grizzle. *Harris.*

Les chenilles de ce papillon fe nourriffent de feuilles de ronces. Elles attachent leurs fils aux bords d'une feuille qu'elles forcent ainfi à fe courber. 'A couvert fous cette efpèce de tente, elles ne fortent que pour chercher de l'aliment dans les environs. Pour peu qu'on touche la feuille où elles font, elles fe hâtent de regagner leur petit domicile ; croient-elles que le danger eft imminent, elles fe laiffent tomber par terre. 'A la fin d'Avril les chenilles ont pris tout leur accroiffement, fig. 6. Alors elles fe frabriquent une toile légère, s'enveloppent dedans, la recouvrent d'une feuille, et fubiffent en paix leur métamorphofe : v. fig. 7. Les chenilles reftent dans cet état environ quinze jours, la mouche ne paroiffant au jour avec des ailes qu'au commencement de Mai. Ce papillon eft affez commun dans les parties fèches des bois et fur les bruyères. On en voit le deffus fig. 8 ; et le deffous fig. 9.

SP. LXV. LE SAUTEUR RARE TACHETÉ.

Fritillum. *Fabricius.*

On rencontre rarement ce papillon en Angleterre ; et nos connoiffances relativement à fes mœurs font fort bornées. Il nous feroit même totalement inconnu, fi nous n'avions faifi quelques individus, comme ils voloient. D'après la grande reffemblance qui fe trouve entre cet infeéte et celui que nous venons de décrire, il eft poffible que celui-ci ne foit pas une efpèce différente, mais feulement une variété du précédent, dont il ne diffère que par des marques blanches fur les ailes. Le deffus de ce papillon eft repréfenté fig. 4 ; et fig. 5 on en voit le deffous, les ailes fermées, comme dans l'état de repos.

I N D E X.

I N D E X.

INDEX TO THE LATIN NAMES.

THE END.

www.ingramcontent.com/pod-product-compliance
Lightning Source LLC
Chambersburg PA
CBHW030843270326
41928CB00007B/1189